黑木耳多糖的分离鉴定及抗凝血功能

卞春 著

HEIMUER
DUOTANG DE
FENLI JIANDING JI
KANGNINGXUE
GONGNENG

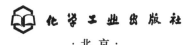

化学工业出版社

·北京·

内 容 简 介

黑木耳多糖因其具有抗凝血、抗肿瘤、降血脂、降血糖等多种生物活性特点成为抑制血栓形成的有效制剂来源。 基于此，本书介绍了具有体外抗凝血活性黑木耳多糖的分离纯化方法，利用体外活性跟踪的方式跟踪其体外抗凝血活性。 对纯化后的黑木耳多糖进行了结构表征并初步进行了构效分析。 利用动物实验研究了黑木耳多糖的体内抑制血栓形成及抗凝血功能，并对抑制途径进行了分析。

本书适合对黑木耳结构研究的相关从业人员、从事功能性食品研发的科研人员阅读参考。

图书在版编目（CIP）数据

黑木耳多糖的分离鉴定及抗凝血功能/卞春著. —北京：
化学工业出版社，2021.10
ISBN 978-7-122-39604-4

Ⅰ.①黑… Ⅱ.①卞… Ⅲ.①木耳-多糖-分离-鉴定-研究②木耳-多糖-血凝抗体-研究 Ⅳ.①S646.6

中国版本图书馆 CIP 数据核字（2021）第 149389 号

责任编辑：张　彦　　　　　　　　文字编辑：邓　金　师明远
责任校对：边　涛　　　　　　　　装帧设计：史利平

出版发行：化学工业出版社（北京市东城区青年湖南街 13 号　邮政编码 100011）
印　　装：北京虎彩文化传播有限公司
710mm×1000mm　1/16　印张 9¾　字数 172 千字　　2022 年 1 月北京第 1 版第 1 次印刷

购书咨询：010-64518888　　　　　售后服务：010-64518899
网　　址：http://www.cip.com.cn
凡购买本书，如有缺损质量问题，本社销售中心负责调换。

定　　价：98.00 元

前言

　　人类机体内存在着复杂而完善的止血、凝血、抗凝血和纤溶系统以及精细的平衡调控机制。在正常的生理状态下，血液在血管中流动，既不会出血也不会凝固形成血栓。脑力工作劳动强度增加、作息时间不规律、吸烟和饮食不合理等不良生活习惯，以及极冷的生活环境等都会增加机体内血液非正常凝固的风险。血液的非正常凝固是诱发机体心血管疾病的主因，而世界卫生组织（WHO）预测在近十几年内心血管疾病将是引起人类死亡数量最多的疾病。目前市场上几种主流的抗凝血药物各有弊病，如给药方式局限、有溶血等严重的副作用，因此开发一种天然的、低不良反应且抗凝效果适当的药物，可以从治疗及治疗后维护两个方面，降低心血管疾病的发生和反复。

　　本书以东北地区野生的黑木耳（Auricularia auricula）为研究对象，采用碱溶醇沉超声辅助的方法从黑木耳中提取天然多糖，利用响应面设计法优化黑木耳多糖的提取工艺，并采用正交试验方法优化了黑木耳粗多糖的脱蛋白工艺；通过体外抗凝血活性的跟踪，采用十六烷基三甲基溴化铵（CTAB）配合二乙胺基乙基纤维素（DEAE）离子交换色谱和凝胶色谱筛选出体外抗凝血活性最强的黑木耳多糖组分 aAAP Ⅰ-b2，并对其进行结构表征。此外，本书通过建立小鼠血栓模型，系统研究了黑木耳多糖的体内抗凝血、抑制血栓功能及其对血栓形成的抑制机制。

　　全书秉承较为新颖的理念，内容丰富详尽，结构逻辑清晰，客观实用，从抗凝血与抑制血栓机制、黑木耳多糖的生理功能、黑木耳抗凝血多糖的制备与活性分析进行引入，系统性地对黑木耳抗凝血多糖与体内抑制血栓形成机制进行了解读。本书注重理论与实践的紧密结合，对相关行业的研究具有一定的参考价值。

本书的撰写得到了许多专家学者的帮助和指导，在此表示诚挚的谢意。由于作者水平有限，加之时间仓促，书中所涉及的内容难免有疏漏与不够严谨之处，希望各位读者多提宝贵意见，以待进一步修改，使之更加完善。

作者

2021 年 10 月

目 录

第 1 章 ▶▶

绪　论

1.1 概述

　　凝血-抗凝或凝血-纤溶不平衡可能导致血液呈高凝状态或有血栓形成，使动脉粥样硬化斑块不稳定，从而诱发缺血性心血管疾病。人与动物一旦发生凝血异常，就会危及生命。饮食不合理、不规律的作息时间、吸烟、肥胖、药物及极端寒冷环境等均会引起机体非正常的凝血时间延长，从而引起相关疾病的发生。根据 WHO 的数据，与血栓相关的心脏病和中风是全世界疾病死亡的主要因素，预计到 2030 年将导致近 360 万人死亡[1]。尤其在寒冷地区，低温导致机体血管收缩剧烈、血管壁加厚进而血管通路变窄，使血栓等心血管疾病更容易发生。目前市面上的抗凝血药物主要是肝素类产品，治疗效果显著，但可能出现并发症出血、高钾血症、血小板减少以及外源导致的病原体感染等严重的负面作用[2]；普通肝素和低分子量肝素都需要静脉注射给药，口服替代药物一般用华法林，其是一种香豆素类抑制维生素 K 的体内抗凝血药物，但机体内如果存在抗凝因子则没有药效，并且达到最佳药效需要 3～5d；阿司匹林是一种可以口服抑制血小板激活的抗血栓药物，但长期服用会严重损伤胃肠；体外常用的抗凝血药物是柠檬酸钠，但其不能用于体内治疗。因此，开发作用靶向广泛、给药方便、不良反应低且作用效果好的、具有抗凝血活性的天然药物或天然产物是治疗和预防血栓等心血管疾病，以及降低此类疾病发病率和死亡率的重要措施，也是全球的研究热点之一。

　　功能性天然产物的开发及其活性物质的功效研究一直是近些年国内外的研究热点。并且，有越来越多的学者指出，与合成类药物相比，天然产物来源于可食用原料，不良反应低，具有多靶点、多途径作用的优势。目前，多种植物来源的天然产物如多糖类、多酚类、多肽类和黄酮类化合物等，均已被证实可以通过抑制凝血酶活性、降低纤维蛋白原含量、抑制维生素 K 的代谢活性，以及抑制不同凝血级联反应中激活剂活性等方式来实现抗凝血作用[3]。

　　黑木耳（*Auricularia auricular*），是生长在朽木上的一种腐生真菌，属于木耳科木耳属，其子实体为可食用部分。在亚洲被广泛种植和食用，是我国非常广泛食用的一种药食同源的山珍食品[4]。黑木耳富含糖、蛋白质、脂肪和多种维生素及矿物质，其中含量最高的是糖类物质，其也是最重要的活性成分[5]。较多的研究表明，黑木耳多糖具有抗氧化、辐射防护、免疫调节、降血糖、抗肿瘤和抗癌[6~8]，以及降低胆固醇[9]等一系列生物学功能。也有研究表明黑木耳多糖具有体外抗凝血活性[10]，但并未见对不同分级纯化黑木耳多糖的抗凝血活性进行比较，黑木耳抗凝血多糖的结构表征及体内抗凝血、抗血栓途径的研究报道。

　　本书以东北地区野生黑木耳为原料，经提取分离、纯化得到不同的黑木耳抗凝血多糖组分，对体外抗凝血最强组分进行了组成分析及结构表征，同时采用体内实验进一步研究该组分的体内抗凝血作用及相关机制，为黑木耳多糖的进一步开发和有效利用提供依据，同时也为天然抗凝血成分的研究和开发提供理论基础。

1.2 抗凝血与抑制血栓机制的研究进展

1.2.1 凝血与抗凝血的研究进展

　　凝血是指血液凝固，此过程中血液由液态转变成凝胶状，凝血是机体实现止血功能的表现。凝血系统中涵盖凝血和抗凝两个方面，两者之间的动态平衡是机体维持体内正常的血液流动和防止血液流失的关键。血管壁受到损伤后，损伤部位的血小板黏附聚集引起止血。随后发生血小板聚集和脱颗粒，激活的血小板将释放多种介质和促凝因子。同时，损伤部位的组织因子先激活因子Ⅶ，再通过Ⅶa（活化的因子Ⅶ）激活因子Ⅹ，进而激活一系列凝血因子，最终形成一个纤维蛋白血栓，并将活化的血小板整合到其结构中。为了防止血凝块不受控制地生长，抗血栓机制被激活以维持促凝和抗凝过程的平衡，而凝血酶在止血过程中几乎每一步都起着关键作用。一种或多种促凝血或抗凝血因子的紊乱可能会增加出血或凝血的风险，或两者兼有。

1.2.1.1 经典凝血理论

　　科学家们在 19 世纪初就注意到了组织损伤可以引起血液凝固。

Schmidt 和 Zur 在 1892 年的研究中发现了凝血活酶（thromboplastin），其在组织中可以将无凝血活性的凝血酶原（prothrombin）转化成有活性的凝血酶（thrombin，T）[11]。Morawitz 于 1905 年提出了凝血主要分为两步，凝血活酶将凝血酶原激活为凝血酶，凝血酶再催化可溶性纤维蛋白原转化成不溶性纤维蛋白，此理论也是现代凝血理论的基础[12]。

到 1964 年，MacFarlane[13] 和 Davie 等[14] 几乎同时分别在 *Nature* 和 *Science* 上发表文章，提出了瀑布学说的凝血理论，之后，逐渐完善凝血的传统瀑布学说理论，认为凝血过程可以分为内源性（intrinsic pathway）、外源性（extrinsic pathway）和共同（common pathway）三个主要途径[15]，过程中有多种酶原被相继激活，得到一种加强和放大后的级联反应，反应过程见图 1-1。

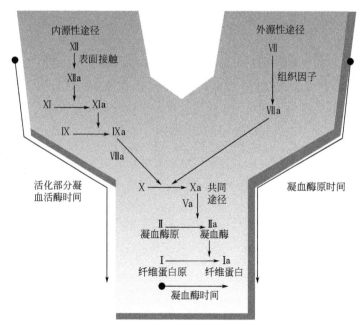

图 1-1　经典的凝血瀑布[16]

在内源性途径中，因子 XII 首先被激活，形成 XII-IX a-VIII a-Ca^{2+} 复合物，并激活因子 X，此过程为凝血的主要途径；而外源性途径为辅助途径，主要指从组织因子（tissue factor，TF）释放到形成 TF-VII a-Ca^{2+} 复合物，并激活因子 X 的过程。共同途径是指因子 X 被激活形成 X a 后，刺激 II 活化形成 II a（凝血酶），最终催化可溶性的纤维蛋白原转化成不溶性纤维蛋白的过程。钙离子是几乎所有上述步骤的必要辅因子，而血小板的磷脂表面是内源性途径激活和因子Ⅱ激活所必需的[17]。

1.2.1.2　现代凝血理论

　　基于细胞的凝血模型（cell-based model of coagulation）见图 1-2，此理论融合了部分参与凝血的细胞因子[16]。钙离子同样是这一过程中几个步骤必需的辅因子。在以细胞为基础的凝血模型中，首先因子Ⅶ通过组织因子（TF）被激活成因子Ⅶa。TF-Ⅶa 复合物激活因子Ⅹ成Ⅹa，因子Ⅹa 与其辅因子Ⅴa 共同激活凝血酶原（因子Ⅱ）至凝血酶（因子Ⅱa）。除了激活因子Ⅴ、Ⅷ、Ⅺ外，该机制产生的因子Ⅱa 也可激活血小板。因子Ⅸ同时被 TF-Ⅶa 复合物和因子Ⅺa 激活。加上辅因子Ⅷa，因子Ⅸa 在激活的血小板表面可激活因子Ⅹ。因子Ⅹa 同样可与其辅因子Ⅴa 一起激活凝血酶原转化为凝血酶。此时产生的凝血酶（因子Ⅱa）将纤维蛋白原转化为纤维蛋白，将因子ⅩⅢ转化为凝血稳定因子ⅩⅢa，最终形成一个稳定的、交联聚合的纤维蛋白凝块。在整个过程中，TF 表达细胞激活的凝血酶（因子Ⅱ），主要是为了刺激产生活性因子Ⅴa 和辅因子Ⅷa，为血小板激活产生凝血酶的过程提供激活因子，而血小板可提供整个反应所需的磷脂表面，参与激活凝血酶的过程，显著提高凝血酶的量从而产生大量血液凝块。

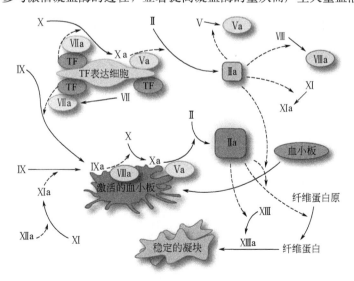

图 1-2　细胞凝血模型[16]

──→表示灭活因子向其激活形式的转变；

----→表示激活效应，与----相切的因子起辅助作用

在上述两种理论中，TF激活循环因子Ⅶ至因子Ⅶa是凝血级联反应的主要启动因子。然而，基于细胞的凝血模型更好地反映了体内导致血栓形成过程的复杂性和相互依赖性。

1.2.1.3　体内抗凝血系统

抗凝血系统是指在生理状态下，组织凝血发生，维持血液正常流动的系统，同时可以在血管破损发生凝血时起到调节作用。抗凝血系统包括细胞与抗凝因子或蛋白质两个方面，起调节作用的主要是抗凝因子或蛋白质[16]。依据主要的抗凝因子蛋白质种类的不同，体内抗凝血系统主要包括乙酰肝素-抗凝血酶系统、蛋白C/蛋白S系统、组织因子途径抑制物及蛋白Z和蛋白Z依赖的蛋白酶抑制物。不同的抑制系统抑制凝血途径中不同因子的活性，从而发挥抗凝血的作用。

凝血酶原时间（prothrombin time，PT）、国际标准化比值（INR）、活化部分凝血活酶时间（APTT）是目前应用最广泛的凝血功能筛选试验[18]。外源性途径由凝血酶原时间（PT）评估，首先由组织因子（TF）激活因子Ⅶ，然后由激活因子Ⅶ（因子Ⅶa）直接激活共同通路。用活化部分凝血活酶时间（APTT）评估内源性途径，从接触因子Ⅻ的激活开始，然后是因子Ⅺ和Ⅸ的级联激活。一旦因子Ⅶa或Ⅸa激活因子Ⅹ，从而进入共同途径，以因子Ⅴ作为辅因子，Ⅹa激活凝血酶原（Ⅱ）至凝血酶（Ⅱa），进而将纤维蛋白原（因子Ⅰ）裂解成纤维蛋白。凝血酶时间（thrombin time，TT）评估的是凝血酶的催化活性，即整个凝血过程的速度。

凝血功能的筛选试验，是通过检测相应的凝血时间来实现的，也常用于抗凝血效果的体外评价。检测方法可以采用人工计时、半自动凝血检测仪和全自动凝血检测仪，检测器原理包括机械检测和光学检测两种，选择上没有太大差别[19]。

1.2.2　体内抑制血栓形成的途径

血栓是机体血循环中有形成分在血管内形成的异常血凝块。血栓的形成涉及血细胞、血浆凝血因子、血管壁因素、血细胞与血管壁的相互作用、血管的收缩与舒张、凝血与抗凝、纤溶的激活与抑制以及血浆的黏稠度等许多因素，是一个复杂的生理病理过程。血栓和其他伴随血栓的凝血是由于体内凝血系统和抗凝血系统的平衡失调而引起的。Virchow 提出的血栓形成"三要素"，包括血流异常、凝血因子的激活和血管壁的异常。而血管内皮细胞在健康状况下，可以释放多种抗血栓物质：①抑制血小板活化类物质，如硫酸乙酰肝素蛋白多糖（HSPG）、前列环素（PGI_2）、内皮细胞衍生松弛因子（EDRF）、腺苷等；②抗凝血类物质，如抗凝血酶Ⅲ（AT-Ⅲ）、内皮细胞蛋白 C 受体（EPCR）、血栓调节蛋白（TM）、组织因子途径抑制物（TFPI）等；③促纤溶类物质，如组织纤溶酶原激活剂（t-PA）及其受体 tPAR、纤溶酶原受体（PLGR）。其中，抑制血小板活化类物质和抗凝血类物质是抑制血栓形成的酶或蛋白质类物质，而促纤溶类物质则是血栓形成以后促进其降解的酶或者受体。多糖类物质的抑制血栓作用以抗凝血途径为主。

1.2.2.1　抑制血小板激活途径

血小板是血细胞中最小的有形成分，血小板膜受体在血栓与止血中具有非常重要的作用。其中，参与血小板激活的受体包括 ADP 受体、肾上腺素受体、5-羟色胺（5-HT）受体、血栓烷 A_2（TXA_2）受体、加压素受体、血小板活化因子（PAF）受体、凝血酶受体、胶原受体、细胞因子受体和 PG 受体等。这些受体一旦接收到相应的配体，即受到刺激以后，通过调节蛋白和第二信使的信号跨膜传导，最终产生激活效应，使血小板膜和膜受体发生改变，血小板表面形成各种伪足样突起，各种膜受体被激活，并与相应的配体结合，从而导致血小板黏附、聚集和释放反应的发生。抑制以上相关受体的结合，降低其活性可以抑制凝血的起始。

1.2.2.2　抗凝血抑制途径

抗凝系统也会在凝血发生的同时启动，参与抗凝机制的蛋白质统称为抗凝因子。这类蛋白质通过其抗凝活性，在凝血过程的不同阶段对凝血发挥调控作用，使后续的凝血过程受阻，从而限制凝血块扩大，并使其局限于损伤部位。抗凝因子是一类性质不同的蛋白质，主要包括丝氨酸蛋白酶抑制剂家族（SERPINS）中的超级成员抗凝血酶Ⅲ（AT-Ⅲ）、蛋白C（PC）、蛋白S辅因子和血栓调节蛋白（TM）及Kunitz型SER-PINS的组织因子途径抑制物（TFPI）。这些天然抗凝因子或其辅因子的失效会导致血栓形成的风险增加。可以增加此类因子活性的物质都能够提高机体的抗凝血功能，从而起到抑制血栓形成的作用。抗凝血酶Ⅲ系统是体内最重要的抗凝系统。AT-Ⅲ与肝素或者硫酸乙酰肝素的结合，可以大大增强AT-Ⅲ的抗凝血作用，AT-Ⅲ是血浆中生理性抗凝因子的最重要成分，主要通过抑制凝血酶（因子Ⅱa）和stuart因子（因子Ⅹa）的活性，抑制纤维蛋白原向纤维蛋白转化，AT-Ⅲ同时可抑制因子Ⅶa、Ⅸa、Ⅻa、纤溶酶、胰蛋白酶和激肽释放酶的活性，在体内起重要的调节作用。天然来源具有抗凝血活性的多糖类物质，多与肝素有类似的作用，可以利用酸性基团的电负性，特异性地与AT-Ⅲ结合，增强AT-Ⅲ的抑制凝血酶活性，实现提高抗凝血的功效。

1.2.2.3 促纤溶途径

纤维蛋白溶解系统简称纤溶系统，是指纤溶酶原（PLA）在纤溶酶原激活剂作用下转变为纤溶酶（PL），进而由纤溶酶降解纤维蛋白（原）及其他蛋白质。纤溶系统中最基本和核心的成分是纤溶酶原，机体内的激活途径主要有内激活和外激活途径。内激活途径主要指由内源性凝血系统有关的因子激活纤溶酶原，包括因子Ⅻa、Ⅺa和高分子量激肽原（HMWK）等，属继发性；外激活途径属原发性，主要指组织型纤溶酶原激活剂（t-PA）和尿激酶型纤溶酶原激活剂（u-PA）激活纤溶酶原为纤溶酶的过程，同时两种激活剂又受抑制物（PAI-1/2/3）的抑制作用。

凝血系统与纤溶系统关系紧密，一般认为在机体凝血能力增加时伴随纤溶活性增强。首先纤溶系统激活的内源性途径起始于因子Ⅻ的激活，而在凝血级联反应中，Ⅻ的激活也激活了瀑布反应，最终使因子Ⅱ被激活变成因子Ⅱa，而Ⅱa不仅可以促进纤维蛋白的生成，也可以刺激内皮细胞释放t-PA，通过外激活途径启动纤溶系统。因子Ⅱa也是蛋白C抗凝系统中蛋白C（PC）的主要生理激活剂。

1.2.2.4 体内血栓模型

通过实验动物体内血栓造模，来检验抗血栓功能成分的功效，从而反映其抗凝血能力和抗凝血途径是基本的实验方法。实验动物的血栓造模，按照形成部位的不同，可以分为动脉血栓、静脉血栓、微血管血栓和混合式血栓。在评价抗血栓效果的实验中，一般采用动脉或静脉造模的方式。动脉血栓由血管内皮细胞受损，血小板黏附和聚集引起；静脉血栓则由血流缓慢或淤滞引起。利用化学、机械和物理等手段模拟上述因素，建立动物血栓模型[20,21]。常用的实验动物为小鼠、大鼠、兔、犬和猪等[22]。动物体内血栓造模常用方法见表1-1。通过血栓模型的建立，可以采用酶联免疫检测（ELISA）或蛋白质印迹法（Western Blot），检测不同因子的活性，从而判断其基本的抗凝血途径。

表1-1 动物体内血栓造模常用方法

方法	模型类型	一般方法	实验动物	原理
结扎法	下腔静脉血栓	特定位置血管结扎	大鼠、犬	阻碍血液流动，产生血栓[23,24]
角叉菜胶法	尾部血栓	尾静脉或皮下注射一定浓度的角叉菜胶	小鼠、大鼠	降低D-二聚体含量，从而降低溶栓能力[25,26]
血凝块造模法	肺部、脑部栓塞	自体血栓适当大小回注模型血管内	小鼠、大鼠、猴	血凝块随血液流动堵塞血管腔，形成血栓[27,28]
$FeCl_3$刺激法	动脉、静脉血栓	特定部位注射一定浓度的$FeCl_3$溶液	兔、小鼠、大鼠、豚鼠	血管局部应用$FeCl_3$溶液，铁离子对血管产生氧化性损伤，诱导血栓形成，形成混合式血栓[29,30]
肾上腺素法	肺栓塞，静脉、动脉血栓	尾部静脉、动脉注射冰水	小鼠、大鼠、兔	模拟暴怒时的机体状态，冰水浸泡，模拟"寒邪"侵袭，建立大鼠急性血瘀模型[31~33]

1.2.3 多糖抗凝血机制的研究进展

肝素于1916年被发现，1935年就被用作临床抗凝血剂。肝素仅在动物组织的肥大细胞中产生，在合成结束时从核心蛋白中分裂出来，属于一种糖胺聚糖类物质[34]。肝素分子局部阴离子浓度极高，其负电荷密度在所有已知生物分子中最高，加之分子量大，所以仅限于肠外给药。尽管如此，迄今肝素仍然是使用量最高的抗凝血剂，主要原因是肝素在体内除了涉及凝血级联反应以外，还有抗炎症和抗肿瘤等功能，但目前临床治疗中使用的肝素，主要是从牛肺和猪肠中获得的，容易导致出血和血小板减少，引起人们对致病性动物制剂污染的担忧[35~38]。动植物来源的抗凝血多糖是一类可口服、作用靶点多、分子量可控的天然活性物质，是目前克服治疗药物局限性一个有吸引力的选择。

1.2.3.1 抗凝血多糖的来源及结构特点

糖胺聚糖（GAG）是一种复杂的、线性的、带负电荷、具有抗凝血功能的多糖，存在于动物组织中[39]。在哺乳动物中发现最常见的 GAG 可分为五大类：肝素（HP）/硫酸肝素（HS）、硫酸软骨素（CS）、硫酸皮肤素（DS）、硫酸角质素（KS）、透明质酸（非硫酸化物质），结构特点见图 1-3。酸性糖胺聚糖是一种存在最为广泛的抗凝血多糖，酸性的来源以硫酸根与单糖形成的硫酸酯为主，也可能是碳酸根与单糖形成的醛酸。

肝素是一种酸性多糖，是一类糖胺聚糖硫酸酯类物质，替代肝素（哺乳动物来源）类抗凝血多糖的基本物质来源包括：海洋无脊椎动物、藻类、陆生植物以及人工合成硫酸酯化多糖等。

（1）海洋无脊椎动物和藻类来源的抗凝血活性多糖

海洋无脊椎动物和藻类来源的 GAG 具有特征性结构：岩藻化硫酸软骨素（FCS）、DS 和 HS 以及硫酸聚糖类物质，如硫酸盐藻聚糖（SF）和硫酸半乳聚糖（SG）等[40]。此类聚糖能产生大量的硫酸盐多糖，已成为探索研究最多的一种新型抗凝血剂来源[38]。

海洋动物的 GAG 结构不同于哺乳动物的 GAG[40]，具有独特的硫酸化模式。例如，来自海洋无脊椎动物的 HS、DS 和 CS 与 HP 的尿酸和己糖胺的含量相等，但其硫酸化模式不同，被认为是 HP 类似物[41]的有效来源。文献中还报道了从海鞘[42,43]、海胆[44]、海参[45,46]、软体动物[47]和虾[48]中分离出的具有抗凝血和抗血栓作用 GAG 的独特结构。从某些海洋无脊椎动物的胞外基质中分离出的这些新的 GAG，其主要特征是其结构上的规律性，与哺乳动物 GAG 相反，这使得新的结构-抗凝关系研究得以发展。

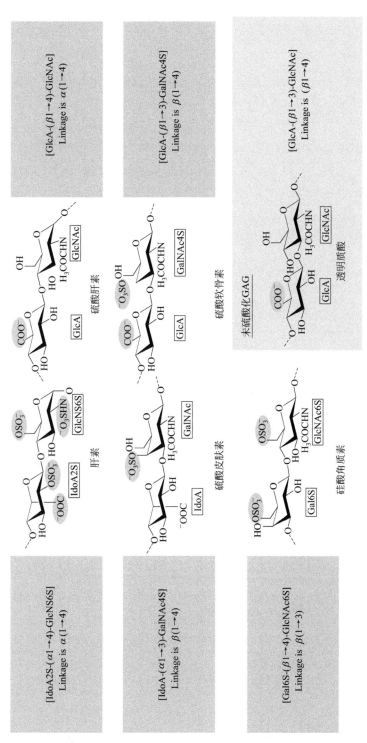

图 1-3　哺乳动物来源 GAG 的一般结构[38,40]

这些研究提出的主要结构特点包括：海参 FCS 的分支结构 2,4-2-SO$_4$ 和 α-L-Fuc$p$ 单位的组合；或海鞘 DS N-乙酰半乳糖苷结构中结合的 4-SO$_4$ 和偶尔结合的 2-SO$_4$（图 1-4）[48,49]。Liu 等对两种海参（*Cucumaria frondosa* 和 *Thelenota ananas*）多糖及其含有不同硫酸化岩藻分支的解聚低分子量片段进行了体内抗凝血和抗血栓活性评价，结果表明，两种低分子量片段具有相似的抗血栓作用和出血副作用，可延长 APTT、抗 FⅡa 和 FⅩa 活性。并且两种低分子量 FCS 片段在大鼠的体内抗血栓实验中，表现出比来源物和低分子量肝素更好的抗血栓作用。而两种低分子量片段虽硫酸化模式不同，但抗血栓作用相似。综上认为 FCS 的硫酸化模式对抗凝和抗血栓作用影响不大，但分子量和硫酸化程度可能对所得结果有一定影响[50]。

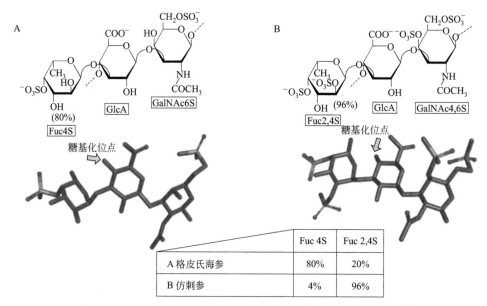

	Fuc 4S	Fuc 2,4S
A 格皮氏海参	80%	20%
B 仿刺参	4%	96%

图 1-4　海参（*Ludwigothurea grisea*）类来源抗凝血多糖的结构[40]

海洋藻类也是具有特征性结构 GAG 的一个丰富的来源，绝大多数的海洋藻类多糖都具有抗凝血活性，如从大型藻类（褐藻、红藻和绿藻）和微藻中分离的 SF 和 SG。绿藻的单糖单位吡喃糖环上应含有 2 个硫酸根和 1 个糖苷键，在半乳糖、岩藻糖和阿拉伯糖单糖残基中，硫酸根分别位于 2-和 4-位 C 或 3-和 4-位 C 上；在鼠李糖单糖残基中，硫酸根分别位于 2-和 3-位 C 上[51]。这些重复结构中的单糖残基可能通过椅型构象，来平衡硫酸根的空间位置。

从囊礁膜（*Monostroma angicava*）中分离纯化出的硫酸化鼠李糖多聚体，分子量 $8.81×10^4$，二糖重复单位可能结构见图 1-5。通过介导肝素辅因子Ⅱ而抑制凝血酶活性，具有较强的抗凝血活性[52]。

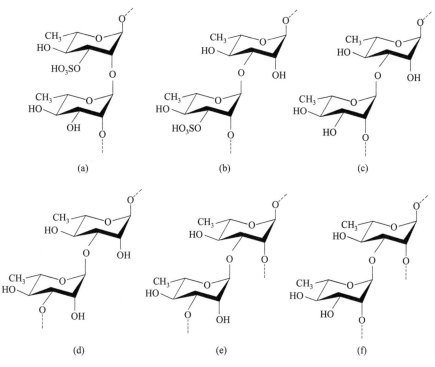

图 1-5　硫酸化鼠李糖多聚体可能的重复二糖结构[52]

Tang 等以舌状蜈蚣藻（*Grateloupia livida*）为原料，利用 DEAE Sepharose CL-6B 色谱柱、NaCl 梯度洗脱及 Sephadex G-100 纯化得到三个硫酸半乳糖多聚体组分，可以显著延长 APTT 和 TT，且有剂量依赖性，PT 无变化[53]。

（2）陆生植物来源的抗凝血活性多糖

食用和药用真菌是抗凝血多糖的主要来源。Cai 等从我国传统中草药龙胆草根（*G. scabra Bunge roots polysaccharides*）中提取粗多糖，利用 DEAE Sepharose CL-6B 色谱柱分离制备了分子量分别为 $2.8×10^4$ 和 $5.8×10^4$ 的均一多糖，单糖组成为鼠李糖、阿拉伯糖、半乳糖、葡萄糖、半乳糖醛酸，其中半乳糖含量最高。能明显延长 APTT 和 TT，PT 无明显延长[54]。灵芝（*Ganoderma lucidum*）也是一种有着数千年药用史的珍贵植物，多糖也是其重要功能成分，主要由葡萄糖和岩藻糖组成，并与蛋白质形成蛋白聚糖，具有抑制内源性凝血途径的抗凝血作用[55]以及抗血栓的功能[56]。另外，猴头[57]、银耳[58]和黑木耳[59,60]粗多糖的抗凝血和抗血栓活性，在较早期也有相关报道。

除食用菌以外，碱法提取的大蒜粗多糖，能够明显延长体外 APTT，并且粗多糖经过脱蛋白处理后，凝血时间明显延长。经 DEAE52 纤维素柱分离后得到三个多糖组分，单糖中包括鼠李糖、果糖、半乳糖、葡萄糖和甘露糖以及一种未知组分，三个多糖组分也均具有延长 APTT 的作用，表明各组分可以通过抑制内源性凝血途径从而起到抗凝血的作用[61]。另外，茶多糖[62]、柿子树叶多糖[63]、桑叶多糖[64]和黄麻果多糖[65]等也具有体外抗凝血活性。

1.2.3.2　多糖的抗凝血及抗血栓机理

肝素由不均匀的氨基葡萄糖和糖醛酸残基交替组成，糖醛酸是葡萄糖醛酸和艾杜糖醛酸的混合物，以艾杜糖醛酸为主。在—NH_2 和—OH 残基的双糖组分上均有不同程度的硫酸化，平均酯化度为 2～2.4。普通肝素（UFH）一般指分子量为 5000～35000、由 18～200 个单糖组成；而分子量在 4000～6000，由 8～40 个单糖组成的称为低分子量肝素（LMWH）[66]，两者的抗凝血机制不同，但糖链中都具有一个 3-O-硫酸葡萄糖胺戊糖片段，结构如图 1-6 所示。

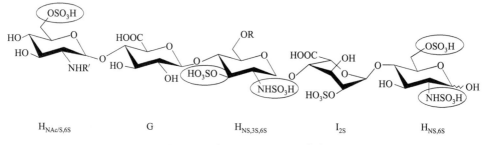

图 1-6　肝素的戊糖活性中心[67]

肝素主要通过介导抗凝血酶（AT）和肝素辅因子Ⅱ（HCⅡ）来抑制凝血酶活性，从而抑制凝血的发生。肝素戊糖活性中心的负电荷与 AT-Ⅲ Lys 残基的正电荷结合，使 AT-Ⅲ 构型改变而暴露出 Arg[393] 和 Ser[394]，促使肝素-AT-Ⅲ复合物与丝氨酸蛋白酶结合[67]，从而提高 AT-Ⅲ对丝氨酸蛋白酶的抑制作用。肝素对主要的丝氨酸蛋白酶均有抑制作用，包括因子Ⅱa、激肽释放酶、因子Ⅻa、Ⅺa、Ⅸa 和Ⅹa，但作用程度不同，其中最重要的是因子Ⅱa（凝血酶）和Ⅹa。从绝对值上看，AT-Ⅲ对Ⅱa 的抑制率高于因子Ⅹa，而在存在肝素的情况下，AT-Ⅲ对Ⅱa 的抑制率提高约 2000 倍，比Ⅹa 高 10 倍以上[68]。

早在 1984 年 Lane 等[69]对一系列低聚糖的研究表明，含有戊糖结合序列但长度低于 18 个单糖残基的肝素糖链，不能完全加速Ⅱa 抑制，但仍具有较高的抗Ⅹa 活性。抗血栓活性只要求肝素类物质具有戊糖活性中心的结构，而对肝素糖链中单糖的个数没有要求。LMWH 是通过 UFH 降解得到的，虽具备戊糖活性中心，但分子量较小，因此对Ⅱa 抑制较弱，而有较强抑制Ⅹa 的活性，即抗血栓作用较强。UFH 具有相当的抑制Ⅱa 和Ⅹa 的活性，因此具有较强的抗凝血和抗血栓作用。

HCⅡ的作用机制是通过诱导Ⅱa 与之形成 1：1 稳定复合物，使Ⅱa 失去蛋白水解酶活性，在肝素的参与下，此抑制反应可以加快 1000 倍[70]。Yoon 等[71]通过对 59 种高等植物的筛选，确定具有最高抗凝血活性的牵牛花（*Porana volubilis*）多糖，不含有硫酸酯，且可以通过调节 HCⅡ，增强对Ⅱa 的抑制作用，而不是通过 AT 来调节抗凝血活性的。

1.3 多糖的研究进展

多糖（polysaccharides）是一类结构多样的大分子，是由单糖残基通过糖苷键连接在一起的聚合物。值得注意的是，与其他生物聚合物相比，多糖具有更大的结构变异性。核酸中的核苷酸和蛋白质中的氨基酸只能以一种方式相互连接，而多糖中的单糖残基可以在多个点相互连接，形成多种多样的分支或线性结构，因此具有更大的承载生物信息的能力[72]。多糖的功能性相对于蛋白质和核酸的研究，起步较晚。20 世纪 50 年代，由于其免疫调节和抗肿瘤活性的发现，多糖开始被作为药物使用。迄今为止，已鉴定出 300 多种天然多糖化合物[73]。多糖种类繁多，广泛来源于陆地和海洋的各类动植物，安全性强、低不良反应、协同性好，而且具有多途径和多靶点作用的优势，深受国内外学者的广泛关注，一直是食品营养学、医药学和分子生物学等诸多领域的研究热点。

1.3.1　多糖的提取

多糖的提取是指利用多糖的溶解特性，将原料物中的多糖类物质转移到提取液中的过程。传统的提取方式，以不同 pH 值的水溶液，在适当的温度下进行，为提高得率，往往需要进行多次重复提取，合并提取液后再进行分离。而随着提取技术的不断更新，出现了超声、微波、脉冲电场、超临界、高静水压等一系列辅助方法，可以有效提高提取效率，降低提取成本[74]。

1.3.1.1　多糖的传统提取方法

溶剂提取法是一种最常用的传统提取方法。通常采用水或不同 pH 值的酸、碱溶液作溶剂，利用"相似相溶"原理提取原料物中的多糖，此法需配合适当的加热可达到较好的提取效果，并重复提取，提取液合并分离，可以提高得率。

热水或沸水回流是较为普遍和通用的多糖提取方式[75~77]。Venkatesan 等采用高压加热方式从三种印第安海藻（*Indian seaweeds*）中提取多糖，将 5g 粉末样品溶解于 100mL 超纯水中，高压蒸汽在 121℃提取 1h，得率：*Turbinaria conoides*（7.89％±0.0％）、红藻 *Gracilaria filiforms*（4.92％±0.01％）、绿藻 *Enteromorpha compressa*（4.23％±0.01％）[78]。不同的原料物，在相同的提取条件下，得率差异较大。

适当的酸、碱溶液不仅有助于多糖的提取，而且还可能得到活性更强的多糖组分。以柚子皮为原料，分别采用水、HCl 和 NaOH 水溶液进行果胶提取，结果显示，5mmol/L HCl 和 NaOH 的提取率较水提法均可提高 12％以上[79]；以 0.05mol/L NaOH 提取金柑多糖，多糖得率可达 8.56％，与热水浸提法相比，提取率增加了 3.73 倍[80]。Yoon 等[60]对比了水、0.1mol/L HCl 和 NaOH 提取的黑木耳多糖抗凝血活性，0.1mol/L NaOH 提取的多糖在 APTT 实验中表现出最高的抗凝血活性。

海洋动物来源的多糖中存在硫酸根，可以采用缓冲溶液的方式来提取硫酸多糖或糖胺聚糖。用含有乙二胺四乙酸（EDTA）（5mmol/L）和半胱氨酸（5mmol/L）的乙酸钠缓冲溶液（0.1mol/L，pH＝6）可以对鲟鱼软骨[81,82]、突尼斯鱼皮[83]中的硫酸多糖进行提取。动物组织经干燥、粉碎再碱提时，黏稠度较高，因此可经常配合酶法进行辅助提取。

1.3.1.2　多糖的辅助提取

（1）多糖的酶法辅助提取

利用酶能够降解细胞壁和细胞膜的高选择性、特异性和降解能力，酶法辅助提取（EAE）是传统溶剂提取方法的潜在替代方法。EAE 可以更好地释放、更有效地提取或分离所需的糖类，或将目标多糖部分降解为小片段，以方便提取[84]。酶技术通常采用水介质，因此被认为是一种绿色技术。目前，已经被报道在多糖的 EAE 中使用的酶，包括胰蛋白酶、纤维素酶、淀粉酶、木瓜蛋白酶、果胶酶和半纤维素酶等[84~86]。

一般情况下，采用 EAE 是为了扩大活性范围和提高提取率[87]。酶的特异性和高选择性受到温度、时间、pH 和酶浓度等多种因素的影响，为了获得最高的水解活性，必须使用最佳的反应条件。EAE 配合适当的碱液是海洋动物来源的多糖最常采取的方式，原因是分解原料物组织的酶为碱性蛋白酶。在挪威龙虾（*Nephrops norvegicus*）壳提取多糖时，用胰蛋白酶在 pH 7.5~8 的条件下消化 4h，然后 80℃加热 15min 终止反应，硫酸化多糖的提取率可以达到 13%[88]；在海参（刺身、海黄瓜）多糖的提取中，使用木瓜蛋白酶，在 0.5mol/L NaOH 溶液中酶解辅助提取粗多糖[89,90]。

将 EAE 与超声、微波等提取技术相结合，可以更显著地提高提取率和选择性，缩短提取时间，并且提取温度温和，是提高酶技术性能的新策略[84]。例如，酶解-超声辅助提取（EUAE）对玉米丝多糖的提取率（7.1%）高于热水的提取率（4.6%），此外，EUAE 处理引起了多糖的形态变化，提高了多糖的抗氧化和抗癌活性[46]。Lee 等[91]采用微波辅助酶法（MAEE）从紫菜（*Pyropia yezoensis*）中提取目的多糖，底物与酶的比例为 10∶1，使用微波功率为 400W、提取 2h 是有效提取这些藻类多糖的最佳条件。

此外，也可以采用将分解纤维、果胶和蛋白质等不同种类的酶复合使用，同时分解细胞壁、果胶质、纤维素和蛋白质等，更好地实现多糖提取的目的。Jia 等[92]分别采用热水提取法、单一酶法和复合酶法辅助提取姬松耳多糖，结果发现复合酶法的多糖得率最高（17.4%），且自由基清除能力和还原力最强。EAE 法提取多糖，反应条件温和、选择性好、操作方便、投资成本低、能耗低；但是，酶的选择要有目标性，抑制剂的存在会影响酶的活性[93]。

近几年，酶辅助深低共熔离子液（DES）萃取技术也成功地应用于多种化合物的提取[94]，一些研究重点是开发用于水解木质纤维素和纤维素多糖的专用酶。Wahlström 等开发了一种基于 DES 铁皮石斛多糖分离纯化的 EAE 方法。结果表明，以氯化胆碱/甘油为基础的 DES，使用纤维素和果胶酶的 EAE 提取多糖的得率（45%）高于溶剂直接提取（27%）[95]。

（2）多糖的超声辅助提取

超声辅助提取（UAE）一般使用频率在 20～100kHz 之间的超声波。超声设备可分为超声浴（间接声化，45～50kHz）和超声探头（直接声化，20kHz）[96]。设备的成本低于其他辅助提取技术，且可使用多种溶剂（水、乙醇等有机溶剂）[97,98]。UAE 可以显著缩短提取时间，降低提取温度，通过空化气泡、细胞破碎和粒径减小，增强目标化合物与溶剂的接触[99,100]。

Pawlaczyk-Graja 等从一种草莓叶（*Fragaria vesca* L.）中分别用冷水、热水、微波辅助和 UAE 四种提取方法提取具有抗凝血活性的多酚-多糖轭合物，所有提取都在 0.1mol/L NaOH 和各自的最佳参数下进行，结果显示 UAE 提取率最高，得到的轭合物中多糖结构有显著的不同，其抗凝血活性最高[101]。Yip 等比较了从人参根（*Ginseng radix*）和铁皮石斛（*Dendrobii officinalis caulis*）中提取多糖的沸水提取法和 UAE 法，UAE 法获得了较高的得率，且在多糖的结构上也与沸水提取法不同[102]。超声强度过大，会造成多糖的降解，不仅使多糖的提取率下降，还会改变多糖的结构，因此在使用超声辅助提取时应该严格控制超声的功率和时间[103]。

（3）其他辅助提取方法

微波辅助提取（MAE）的原理是基于微波加热，这种加热是电磁波（通常为 2.45GHz）通过偶极旋转和离子传导与极性溶剂分子的直接相互作用，这种加热机制可以破坏组织和细胞从细胞壁或质膜释放生物活性化合物[104]。因此，与传统提取技术相比，可以提高提取率，缩短提取时间和减少溶剂体积。此外，由于其操作简单和低成本，已经在中草药有效成分的提取中实现规模化的工业生产[105]。MAE 也被广泛用于从橘子皮[106]、浒苔（*Ulva prolifera*）[107]、朝鲜蓟（*Artichoke*）[108]、绿豆[109]和花椰菜[110]等果蔬中提取功能性多糖，在提取中注意由于微波加热属于非均匀加热，应该防止液料局部过热[111]。

超临界提取（SFE）主要用于低分子量多糖的分馏[112]。超临界 CO_2 萃取技术是利用 CO_2 在超临界状态下其密度近乎液体而黏度近乎气体的性质，与植物原料物接触时可以更好地溶解分子量较大且极性较大的多糖类化合物，以提高植物多糖的提取率。

高静水压（HHP）是一种最新的自动提取技术，其原理是使用升高的温度和足够高的压力，以保持溶剂在其大气沸点以上的液体状态。溶剂温度的升高和压力的增加可以增加溶解度和传质速率，从而提高溶剂的扩散率，改善萃取动力学[113]。

脉冲电场（PEF）技术作为一种非热能技术，用于提取胞内活性成分，原则上是要求将目标材料放置在处理室的两极之间，或者连续的处理室，在电场作用下，利用高压短脉冲推动极性物质高速向电极方向移动[114]。PEF 具有破壁率高、温度变化小、有利于热敏物质提取等优势，在提取天然产物方面将会有更广泛的应用[115]。

1.3.2 多糖的分离

在多糖的制备过程中，分离是指多糖类物质按照可溶性的不同，从多糖的粗提液中将其提取的过程，为下一步制备均一多糖组分做准备。在分离过程中，根据分离方式的原理和程度不同，也可以将提取液中的多糖类物质按照相似的性质初步分级。在分离沉淀之前，为了减少分离剂的使用量，同时提高多糖的分离效果，一般需要对多次提取的多糖溶液合并、浓缩，常采用真空旋转蒸发的方式进行减压浓缩。常用的分离方法为有机溶剂沉淀法和季铵盐沉淀法。

1.3.2.1 有机溶剂沉淀法

有机溶剂沉淀法主要是根据多糖在不同浓度的有机溶剂，如乙醇[81,89]和丙酮[116,117]等中的溶解度差异而实现分级沉淀。乙醇分级沉淀在提取食用性多糖时，是最常用的方法。可采用100％、95％或75％的乙醇与浓缩后的多糖溶液按照不同比例混合，沉淀出具有不同溶解度的多糖组分。一般每一分离组分为溶解度相近的一类多糖的混合物。

1.3.2.2 季铵盐沉淀法

酸性多糖是一类含有酸根（硫酸根或碳酸根）的糖类，酸根与糖分子上的羟基缩合以醛酸的形式存在，含有醛酸酸性多糖的生物学活性可能高于相同来源的中性多糖。海洋动植物和部分陆生植物中含有大量的酸性多糖。根据酸性多糖与中性多糖的极性不同，常采用十六烷基三甲基溴化铵[118,119]（CTAB）或十六烷基氯化吡啶[120]（CPC）来实现酸性多糖的沉淀分离。郝婧对出芽短梗霉 G16 合成的胞外酸性（甘露糖醛酸）多糖进行了沉淀分离，最终得率约为 3％，且具有较好的抗氧化能力[121]。

1.3.3 多糖提取物的除杂

多数原料物中都存在脂类物质、色素和其他小分子杂质，经过提取和分离的粗多糖，需要经过除杂，将多糖的粗提物初步纯化，再经过进一步的分级纯化，制备不同的均一多糖组分。

1.3.3.1 多糖的脱脂

脱脂采用有机溶剂萃取法，常采用的溶剂有石油醚、正己烷、丙酮、乙醇和甲醇等。特别是以植物种子或动物内脏等为原料物提取多糖时，因为脂类物质含量较高，必须进行彻底地脱脂处理。在提取松仁粗多糖前，采用石油醚（沸程 30～60℃）对松仁粉末进行脱脂处理[122]。Song等采用乙醇和正己烷（1∶2）对扇贝内脏进行脱脂处理，然后提取多糖[123]；Yoon 等采用的脱脂处理方式为：将 10g 木耳干粉悬浮在 1L 的纯甲醇溶液中，于 76℃下回流 2h[60]，脱脂效果良好。此外，利用超临界CO_2 萃取技术分别在银耳[124]和香菇多糖[125]的提取过程中进行脱脂，可以显著提高多糖提取率。

1.3.3.2 多糖的脱色

动植物原料物中的色素，分为脂溶性和水溶性色素。脂溶性色素包括黄酮类、多酚类、叶绿素和胡萝卜素等，易溶于酒精和酯类等有机溶剂，在脱脂环节中可以脱去。水溶性色素以花色苷类结构为主，如花青素类色素。在多糖的提取过程中可以采用机械性能和吸附活性良好的活性炭吸附法[126~128]；过氧化氢氧化法常用于食品的氧化脱色和杀菌，也可用于多糖提取的脱色，强氧化作用会使酮类和酚类色素的呈色基团发生氧化还原反应，从而失去颜色[129]，此法虽脱色彻底，但容易改变多糖结构影响其生理活性[130]；多糖溶液常用树脂吸附的方法进行脱色[131]，脱色原理见图 1-7。

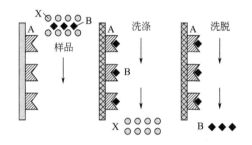

图 1-7 吸附脱色原理示意图

X—目的多糖；A—吸附或交换树脂；B—色素类物质

聚酰胺树脂可以利用酰胺（—CONH）在酸性介质中强极性，与色素形成氢键，达到吸附的目的[132]。此过程可在利用凝胶色谱对多糖进行纯化时同时实现[133]。用六种不同极性、粒径和表面积的大孔树脂（AB-8、S-8、HPH480、HPD100、X-5、D101）对南瓜渣发酵液粗多糖进行纯化，通过静态吸附、脱附和吸附动力学试验，同时进行脱色和脱蛋白处理，以 S-8 为最佳。色素和蛋白质的吸附率分别为 84.3% 和 75.9%（质量分数），多糖的回收率为 84.7%（质量分数）。S-8 树脂的净化率也高于其他测试的传统方法[134]。

1.3.3.3 多糖的脱蛋白

天然原料物中多糖可与其他生命大分子物质共存，多糖与蛋白质的分子量比较接近，也可形成糖蛋白复合物，使蛋白质难以去除，并且蛋白质也可能同时具有特定的功效，为更明确多糖的生理功能，脱蛋白是一个重要的处理过程。多糖提取液中包括游离蛋白质和与多糖相结合的复合物，常用以下几种方法进行脱蛋白处理。

（1）酶法

酶法是利用相关蛋白酶水解或消化提取液中的蛋白质。链霉蛋白酶消化处理是常用的方法之一[135]，将提取液调节至 pH 7～8，在 37℃条件下消化 2～4h，于沸水中加热 5min 结束酶促反应；闫巧娟等选用木瓜蛋白酶、中性蛋白酶 1、中性蛋白酶 2、酸性蛋白酶和碱性蛋白酶对黄芪多糖粗提液进行了脱蛋白处理，并与传统的 Sevag 法进行了比较，SDS-PAGE 实验结果显示，黄芪多糖中的蛋白质主要集中在分子量小于 $4.5×10^4$ 区域，酶法通过消化降解，普遍脱蛋白较彻底，而 Sevag 法蛋白质残余较多。最终，中性蛋白酶 1 多糖得率为 75.6%，蛋白质含量为 0.72%；而 Sevag 法经 15 次重复脱蛋白处理后，多糖得率为 62.8%，蛋白质含量为 1.98%，且耗时耗力、有机溶剂使用量大[136]。

（2）Sevag 法

1938 年 Sevag 等提出了一种可以分离核蛋白中蛋白质和核酸成分的方法，而对核酸和蛋白质的化学性质，以及血清学特性的影响极小。核蛋白经温和水解后，用氯仿和泡沫还原剂（戊醇等）摇动待分离溶液，形成蛋白氯仿凝胶，然后从中回收蛋白质，核酸可从上清液中回收[137]。此法适用于含脂率较低料液的脱蛋白处理[138]，因此可以用于经过脱脂处理后多糖提取液的脱蛋白处理，也是最常使用的经典方法。

目前的文献报道中用于多糖处理的 Sevag 试剂，一般是氯仿与正丁醇，依据多糖提取液中蛋白质和多糖含量、性质的不同，选择不同的氯仿与正丁醇比例，以及多糖提取液与 Sevag 试剂的比例。单独使用 Sevag 试剂进行脱蛋白，需要经过反复多次处理，才能够达到较低的蛋白质残留，但同时，总糖含量也会随之降低[139,140]。在最近的研究中，多采用酶-Sevag 联合法进行脱蛋白处理，可降低酶用量、减少 Sevag 处理次数、降低多糖的损失，达到更好的脱蛋白效果。刘成梅等[141]对百合多糖提取液进行脱蛋白处理，对比了 Sevag 法、三氯三氟乙烷-Sevag 联用法、酶（木瓜蛋白酶）-Sevag 联用法 3 种方法。最终，酶-Sevag 联用法仅需处理两次，多糖得率 2.68%，蛋白质含量 12.4%，蛋白残留量和多糖保留量均优于其他方法。马丽等对比了酶（木瓜蛋白酶）-Sevag 联用法和三氯乙酸法对螺旋藻多糖提取液脱蛋白的效果，发现经酶（0.15％）和 5 次 Sevag 法处理后的脱蛋白效果要优于三氯乙酸法[142]。

(3) 三氯乙酸法

盐析法是一种安全、经济、环保的蛋白质沉淀方法，是应用最早、使用最广泛的方法。三氯乙酸（TCA）作为一种蛋白质变性剂，可与多糖提取液中蛋白质的疏水基团反应形成沉淀，经离心处理可去除蛋白质，是一种常见的、操作简单的、从多糖溶液中分离稀蛋白的方法[143]。但 TCA 酸性较强，可能会造成糖苷键不同程度的水解，且水解程度随 TCA 浓度的增加而增加[144]。对比 Sevag 法和三氯乙酸法对枣多糖进行脱蛋白处理，虽三氯乙酸法可得到更高的蛋白脱除率及多糖得率，但多糖的 APTT 却显著低于 Sevag 法，即抗凝血活性显著降低[145]。

(4) 其他方法

除上述主要方法外，文献报道中也有其他脱蛋白方法，如氯化钙法、醋酸铅法、三氟三氯乙烷法[146]、双醛纤维素法[147]、冻融（FTT）法[148]、树脂吸附法和磁性壳聚糖微球法[149]等。氯化钙和醋酸铅进行脱蛋白的基本原理都是使蛋白质沉淀析出达到分离目的，前者是离子化合物，溶于水后破坏了蛋白质的水化层，降低了蛋白质的亲水性，使其沉淀；而醋酸铅是强变性剂，引起蛋白质变性后使其沉淀。此类方法成本低、易操作，$CaCl_2$ 不影响多糖结构，而醋酸铅可能会引起多糖结构的破坏而导致生物功能改变[150]。

1.3.3.4 多糖中小分子物质的去除

多糖提取液中含有大量的杂质，如无机盐、单糖、寡糖、低聚糖和低分子量非极性物质，可通过透析法去除[151]。透析是利用大分子物质被截留而小分子物质可以通过的原理，在浓度差存在的情况下，小分子物质可以不断溶出，达到分离除杂的目的，常用截留分子量（MWCO）3500。虽然透析袋有一定的分子量截留范围，但有些多糖分子是呈线性的，因此有时超过截留范围的多糖分子也可能通过透析袋。此外，离子交换树脂也可用于去除无机盐（带电荷的阴离子和阳离子）。

1.3.4　多糖的纯化

多糖的纯化是指将分离所得的混合多糖纯化为各种均一的多糖组分。而在实际工作中，分离和纯化是很难明显区分开的[135]，比如，利用季铵盐沉淀多糖混合液，可以将混合多糖分为酸性多糖和中性多糖，这一分离过程也相当于按照极性的纯化。并且，利用色谱柱进行多糖分级纯化时，也可以同时将色素和蛋白质类杂质分离掉。

一般是采用色谱柱进行分级纯化，可显著提高多糖的纯度[122,152]。阴离子交换色谱可根据电荷性质的不同分离酸性、中性及碱性多糖，常用的交换剂有 DEAE-纤维素、DEAE-葡聚糖和 DEAE-琼脂糖等。凝胶渗透色谱法则是根据多糖分子量的差异对多糖进行分离纯化，常用的凝胶渗透色谱有葡聚糖凝胶（Sephadex）、琼脂糖凝胶（Sepharose）和聚丙烯酰胺凝胶（Sephacryl）等。

可以采用超速离心法（60000r/min）、高压电泳、纸色谱、凝胶柱色谱等方法进行多糖纯度的鉴定[153]。苯酚-硫酸法[154]可测定多糖含量，醛酸则可以采用间羟基联苯法[155]和咔唑-硫酸[156]法进行检测。

1.3.5　多糖的结构表征

多糖的结构研究需要从以下几个方面入手：分子量、单糖（醛酸）的含量和比例、单糖残基构型和构象、糖苷键类型、取代基位置、支链连接方式和复合糖中非糖物质的连接方式等[157,158]。多糖的结构可以分为一级结构和空间结构。一级结构指单糖糖苷键的连接方式和顺序，空间结构指构成多糖的各个原子在空间的排列位置，空间结构由一级结构决定，二者共同决定多糖的生物学功能。目前，对多糖一级结构的研究方法已经比较明确，而天然来源多糖的空间结构极其复杂，研究相对困难。

可以采用化学分析、仪器分析和生物学分析等方式进行多糖的结构表征[157]。化学分析手段主要包括：多糖的部分或全部酸水解，高碘酸氧化，Smith 降解、乙酰解和甲基化分析等；仪器分析手段主要包括：红外光谱、气相色谱（GC）、高效液相色谱（HPLC）、气相色谱-质谱联用（GC-MS）、核磁共振（NMR）、原子力显微镜（AFM）和扫描电镜

（SEM）等；生物学分析主要是特异性糖苷内切酶和免疫学等方法[158]。

1.3.5.1 多糖组成的分析

（1）多糖的分子量

多糖的分子量表示的是相似链长多糖的平均分布，因此是一个推算量，不同方法在检测数值上有差异[153]。多糖常用重均分子量（M_w）和数均分子量（M_n）表示，并用 M_w/M_n 比值来衡量多糖的均一性，越接近 1 表示检测多糖的均一程度越好[159]。目前通用的检测方法是高效凝胶色谱法，以标准分子量物质（右旋糖苷，dextrans）在凝胶柱中的洗脱体积与分子量制作标准曲线，待测样品按相同条件洗脱，按照洗脱体积对应计算分子量。

（2）单糖组成分析

通过 HPLC 对纯化的多糖组分经水解和衍生化后的单糖组成进行定量分析[158,160]。检测量约 $50\mu g$，多糖经三氟乙酸彻底水解，干燥后溶解于邻氨基苯甲酸试剂溶液，可以使用反相 C18 柱、荧光检测器进行检测。根据单糖标准样品的洗脱时间和洗脱峰面积，对多糖的单糖组成进行定性和定量分析，单糖标准样品的进样浓度为 $0.5\sim350$nmol/L。酸性多糖需要采用 1-苯基-3-甲基-5-吡唑啉酮（PMP）[161]进行衍生，再进行醛酸的检测。也可以采用 HPLC-MS 和 GC-MS 进行，但对待检测多糖的分子量有一定的要求。

1.3.5.2 单糖构型和构象分析

多糖的结构复杂，其中一个主要原因就是组成多糖的单糖残基本身就可能存在多种空间结构，可以采用光谱法进行检测，分为红外光谱和拉曼光谱，前者是利用原子间的键对红外光的特征吸收，而后者是分子对光的散射。通过标准图谱中特定结构的特征吸收峰位置，比对待检测多糖的结构，可以用于判断呋喃和吡喃环、α- 和 β-构型等。也可以通过指纹区的特征峰来判断化学结构，如 1650cm^{-1}（C—O）处的强吸收和 1480cm^{-1}、1380cm^{-1}（O—C＝O）处的两个吸收表明待检测物质中含有醛酸[88,162]。

1.3.5.3 糖苷键连接位置分析

可以通过化学分析，结合仪器分析的方法进行多糖糖苷键的分析。化学分析常采用高碘酸氧化和 Smith 降解，两种方法均是通过检测生成特征产物的量来推断其可能的结构，误差较大但实验成本低。经典的甲基化分析结合 GC-MS 分析，是目前通用的方法。其基本原理是多糖的所有游离羟基甲基化以后，对其进行水解和衍生，再进行 GC-MS 分析，根据 MS 裂解的规律解析其单糖的结构[157]。目前常用的甲基化方法是在 Hakomari 的方法上改良而来的。而酸性多糖中的酸性基团（羧基和硫酸根等）可影响多糖的甲基化程度，且如果酸根是羧酸，则不易发生气化，限制了其在 GC-MS 上的检测，可以采用还原和脱硫的方法先处理醛酸，再进行检测[163]。

核磁共振（NMR）是一项多糖结构解析的重要技术，原理是磁性原子核在外磁场中选择性地吸收了射频能量，发生核能级跃迁的过程。此法也是依据已知核磁共振波谱与待检测样品进行比对分析，来实现结构测定、定性及定量分析的[164]。多糖溶于重水或氘代二甲基亚砜（DMSO）中可进行 NMR 分析。一维和二维核磁 ^{1}H 谱和 ^{13}C 谱可反映多糖的单糖类型、糖苷键的相对含量、糖苷键构型以及糖苷键的连接位置等信息[165]。目前，国内对多糖结构的研究，大多采用以一维和二维 NMR 技术为主，其余结构表征技术为辅的方法进行解析，确定糖残基、单糖组成、糖苷键顺序、异头物的构象取代基位置等，以此为依据推测目标多糖可能的二级结构[166,167]。

1.3.5.4 多糖形貌及微观结构表征

越来越多的研究表明，多糖的活性与其高级结构的关系更为密切，所以想真正阐明多糖的构效关系，明确多糖的空间结构是非常重要的。目前，用于表征多糖高级结构的方法主要有 X-射线衍射（XRD）、圆二色谱（CD）、扫描电子显微镜（SEM）和原子力显微镜（AFM）等。SEM 和 AFM 利用扫描探针技术，可以观察到从多糖的颗粒到次级结构等微小的形态特征，包括其分子外形、伸展状态，粗糙度等。由于样品制备方式的不同，通过比对绿茶多糖酶解前后的形态，发现 AFM 可以获得更加清晰和完整的图像[168]，AFM 也可以确定多糖的三股螺旋结构和凝胶结构[169]。

1.4 黑木耳多糖生理功能的研究进展

黑木耳（*Auricularia auricula*）中含有丰富的营养物质，蛋白质12.5%、脂肪1.7%、糖类66.1%、灰分3.6%，并且糖类中主要包括水溶性多糖、中性糖、纤维素、几丁质、果胶、糖醛酸等[6,170]。黑木耳多糖（*Auricularia auricula* polysaccharide，AAP）是其中含量最高、功能最丰富的成分，有很多重要的生理功能，可被用作补血剂，并显示出抗氧化、抗肿瘤、降血糖[171]、抗凝血和降低胆固醇的特性[172]。已有研究表明 AAP 有显著的抗氧化、降血糖、降血脂、抗肿瘤和抗癌等多种功效[6]。

1.4.1 黑木耳多糖的抗氧化活性

采用溶液等离子体法（SPP）联合过氧化氢对 AAP 进行降解，测定其粒径，通过刚果红（CR）、扫描电镜（SEM）和原子力显微镜（AFM）测定的结果，可知 SPP 和 H_2O_2 联合处理可以显著提高 AAP 构象的柔韧性，降解后的 AAP 表现出更强的金属螯合作用和 DPPH 自由基清除作用[10,173]。Wu 等研究了黑木耳多糖的结构，其是以甘露糖为主的杂多糖，通过小鼠体内实验检测血液和心脏的抗氧化酶活性和心脏功能参数，认为经黑木耳多糖治疗能增强心脏功能[174]。

1.4.2 黑木耳多糖的降血脂和胆固醇活性

2008 年，Chen 等[172]从黑木耳中提取了酸性多糖，其中糖醛酸19.6%、硫酸15.8%。气相色谱分析表明，酸性多糖主要由鼠李糖、木糖和葡萄糖组成，有少量的甘露糖、半乳糖和阿拉伯糖。通过对首次喂食富含胆固醇饮食（CED）的 ICR 小鼠血脂代谢、脂蛋白脂肪酶（LPL）

活性及动脉粥样硬化指数（AI）和 LPL 活性与总抗氧化能力（TAC）关系等的研究表明，与对照组相比，酸性黑木耳多糖可显著降低血清 TC 和 LDL-C 浓度，显著提高 TAC、LPL 活性，表明酸性黑木耳多糖对高胆固醇血症有预防作用。在 2011 年，经相似的实验，验证了黑木耳多酚-多糖混合提取物同样具有良好的降血脂和胆固醇活性[175]。

1.4.3　黑木耳多糖的抗肿瘤和抗癌活性

Sone 等在 1978 年就分离出一种以 β-(1→3) 连接的 D-吡喃葡萄糖为碳骨架的 AAP，主干的 4 个葡萄糖残基中有 3 个被单个葡萄糖吡喃糖基取代，并且有极少的 (1→6)-D-葡萄糖苷位于 6-位 C 处。在 ICR-JCR 小鼠肉瘤 180 细胞的抗肿瘤活性实验中，肿瘤抑制率为 18.9%[176]，相似的 AAP 结构（主干中有 2/3 的葡萄糖残基被 6-位 C 处的单糖吡喃糖基取代），在同样的实验中，肿瘤抑制率可以达到 96% 以上[177]。2014 年，Reza 等[178]在 AAP 气管肺泡癌 NCI-H538 的体外抗肿瘤活性和胃癌细胞体外抗肿瘤活性的研究中，都得到了较好抗肿瘤细胞的效果。

1.4.4　黑木耳多糖的消炎抗菌活性

Damte 等在 2011 年对小鼠巨噬细胞（RAW 264.7 细胞）体外抗炎活性的研究中发现，二氯甲烷提取的 AAP，能够抑制脂多糖（LPS）诱导的 NO 产生，还能显著降低炎症细胞因子（IL-6、TNF-α 和 IL-1β）mRNA 在 LPS 处理小鼠巨噬细胞（RAW 264.7 细胞）中的表达，对 IL-6 mRNA 表达无完全抑制作用，还可以改善炎症[179]。2005 年，在 Gbolagade 等对蜡样芽孢杆菌、大肠杆菌、寻常变形杆菌和金黄色葡萄球菌的抑菌实验中，AAP 表现出较好的抑制作用，细菌最低抑菌浓度为 1.25～9.00mg/mL，真菌最低抑菌浓度为 10.50～17.50mg/mL[180]。

1.4.5　黑木耳多糖对辐射诱导的防护作用

^{60}CO-γ 辐射诱导的老鼠表现出体内氧化还原平衡失调的现象。伴随着血糖累积增加，胰岛素和肝糖原含量减少，血液葡萄糖耐量能力受损，

异常变化活动的葡萄糖代谢相关酶及肝脏和胰腺功能受损。最新的研究表明，AAP 表现出在一定程度上可恢复葡萄糖代谢紊乱的功能。通过 AAP 的饲喂，增加了辐射小鼠体内 JNK 和 FoxO1 的磷酸化作用，降低了 Akt 和 GSK-3β 的磷酸化作用，增加了 PEPCK、G6Pase 和 GYS2 在肝脏中的表达，同时降低了 PDX1、GLUT2 和 IRS1 在胰腺中的表达。表明，AAP 通过调节肝脏中的 JNK 通路和胰腺中的 PDX1/GLUT2 通路，对辐射诱导的糖代谢紊乱有显著疗效[181]。

1.4.6 黑木耳多糖的抗凝血活性

Yoon 等[60]利用蒸馏水和酸、碱溶液分别提取黑木耳多糖，其中碱法（0.1mol/L NaOH）提取的粗多糖体外抗凝血活性最强，在 0.3mg/mL 以上浓度时，APTT、TT 表现出凝血时间延长，表明其具有抑制内源性和共同凝血途径的作用。采用 Sephacryl S-400 柱分级纯化，此 AAPS2 由甘露糖、葡萄糖、木糖和己糖醛酸组成，摩尔比为 0.35：0.26：0.25：0.14，也含有微量的盐藻糖和半乳糖，其中己糖醛酸主要是葡萄糖醛酸。当将醛酸中的羧基进行还原以后，其 APTT 与空白对照相同，表明醛酸是此组分中具有体外抗凝血活性的关键组成。在缺乏抗凝血酶（因子Ⅱ）的血浆中 AAPS2 不具备抗凝血活性；而在增加了抗凝血酶的血浆中，AAPS2 可以显著增强其诱导的凝血酶抑制作用，但活性低于阳性对照组肝素。当用肝素辅因子Ⅱ替代凝血酶时，AAPS2 并不能增强凝血酶的抑制作用；在有无抗凝血酶的情况下，以因子Ⅹa 替代凝血酶进行检测，均未观察到抑制作用，表明 AAPS2 的抗凝血活性是由抗凝血酶催化的凝血酶抑制的，而不是由肝素辅因子Ⅱ介导的，此外抗凝血酶对Ⅹa 的抑制作用不受 AAPS2 的影响。此研究中没有对抗凝血酸性 AAP 的结构做解析，并认为，评价黑木耳多糖作为血栓形成治疗的新替代药物，需要进一步研究其抗凝血活性及其对血栓形成实验模型的可能影响。

Li 等[105]对比了高强度脉冲磁场（HIPEF）辅助提取与热水浸提法提取的 AAP 体外抗凝血活性，结果表明，两种方法提取的 AAP 均具有延长体外 APTT 和 TT 的作用，而 PT 没有延长，但 HIPEF 辅助提取的 APTT 更长，表明 AAP 具有抑制内源性和共同凝血途径的作用，且 HIPEF 辅助提取可以提高其抗凝血活性。

国内对黑木耳抗凝血多糖的研究，主要集中在不同的提取分离方法对黑木耳多糖抗凝血活性的影响，并没有对抗凝血活性组分进行结构表征，对其抗凝血活性研究也都局限在体外凝血四项指标的检测上，并没有进行体内抗凝血活性及体内抑制血栓形成机制的研究。

1.5 主要研究内容

本书以东北黑木耳（*Auricularia auricula*）多糖作为研究对象，通过体外凝血 APTT、PT、TT 和 FIB 实验，研究黑木耳多糖的体外抗凝血活性和抗凝血途径，同时筛选出作用效果最佳的黑木耳抗凝血多糖组分；对体外抗凝血效果最佳的组分进行分子结构表征；采用角叉莱胶注射方式建立小鼠尾部血栓模型，评价黑木耳多糖对模型小鼠血栓的抗血栓作用效果；选择特征因子，对抗凝血作用机制和通路进行研究。具体研究内容如下：

① 采用超声辅助碱液法提取黑木耳多糖，以多糖得率和 APTT 为考察指标，提取温度、液料比、提取时间和超声功率为研究对象，通过响应面设计优化出最佳多糖提取工艺；以脱蛋白效果为考察指标，脱蛋白次数、多糖与 Sevag 试剂比值、氯仿与正丁醇比值、木瓜蛋白酶使用量、酶解温度和时间为研究对象，利用正交试验优化黑木耳多糖粗提液的脱蛋白工艺；采用 CTAB 沉淀配合 DEAE Sepharose Fast Flowh 离子交换色谱对制备的黑木耳抗凝血多糖进行分级，以体外抗凝血活性（APTT、PT、TT 和 FIB）为指标，筛选出活性最佳的组分，再利用 Superdex-200 琼脂糖-葡聚糖凝胶柱对其进行纯化。

② 综合采用 HPLC、HPGPC、FT-IR、GC-MS 和 NMR 等检测手段，配合 β-消去反应、部分酸水解、高碘酸氧化、Smith 降解和甲基化等化学检测方法对抗凝血活性最强的黑木耳多糖组分（aAAP I-b2）进行组成分析和结构表征；利用 AFM 和刚果红实验检测 aAAP I-b2 的微观结构。

③ 采用 APTT、PT、TT 和 FIB 实验，对获得的有效分离组分进行体外抗凝血功效评价，确定抗凝血途径。结合分子结构的差异，进行初

步的构效分析。通过小鼠尾部血栓模型，以阿司匹林为阳性对照，利用尾部出血时间、造模后黑尾相对长度、黑尾抑制率以及小鼠尾部血栓 HE 染色等实验，直观评价黑木耳多糖的体内抗凝血效果；通过血浆的 ELISA 实验，确定抑制血小板激活途径中的前列环素、血栓素 B_2、内皮素-1 和一氧化氮合酶表达水平的变化；通过肝脏组织的 ELISA 实验，确定抗凝血途径中的抗凝血酶-III、蛋白 C 和组织因子途径抑制物，以及促纤溶途径中的纤溶酶原和高分子量激肽原表达水平的变化，从而探究黑木耳多糖体内抗血栓的基本途径。

第 2 章 ▶▶

实验材料与方法

2.1 实验试剂与仪器

2.1.1 实验原料

实验中所用的黑木耳（*Auricularia auricula*）产自黑龙江伊春。人正常血浆由哈尔滨血液肿瘤研究所提供。实验动物为雄性 KM 小鼠（21±2g），合格证号：1100111911085729，购于北京维通利华实验动物技术有限公司。

2.1.2 实验试剂及药品

本实验所使用的主要化学试剂及药品如表 2-1 所示。

表 2-1　主要化学试剂及药品

试剂	规格	生产厂家
浓硫酸	分析纯	天津市科密化学试剂制造有限公司
苯酚	分析纯	天津市科密化学试剂制造有限公司
硫酸硼砂	分析纯	天津市科密化学试剂制造有限公司
考马斯亮蓝 G-250	生化试剂	阿拉丁试剂(上海)有限公司
D-无水葡萄糖	分析纯	阿拉丁试剂(上海)有限公司
单糖标准品	分析纯	阿拉丁试剂(上海)有限公司
间羟基联苯	分析纯	阿拉丁试剂(上海)有限公司
十六烷基三甲基溴化铵	分析纯	阿拉丁试剂(上海)有限公司
葡萄糖醛酸	分析纯	阿拉丁试剂(上海)有限公司
磷酸二氢钠	分析纯	上海沪试实验室器材股份有限公司
三氟乙酸	色谱纯	上海沪试实验室器材股份有限公司
正丁醇	分析纯	上海沪试实验室器材股份有限公司
甲醇	分析纯	上海沪试实验室器材股份有限公司
无水乙醇	分析纯	天津市科密化学试剂制造有限公司
硼氢化钠	色谱纯	天津市科密化学试剂制造有限公司
乙酸乙酯	分析纯	天津市科密化学试剂制造有限公司
三氯乙酸	分析纯	天津市科密化学试剂制造有限公司
乙酸酐	色谱纯	天津市科密化学试剂制造有限公司
乙酸	分析纯	天津市科密化学试剂制造有限公司

续表

试剂	规格	生产厂家
阿司匹林	J20171021	拜耳医药保健公司
乙腈	色谱纯	Sigma-Aldrich 公司
葡聚糖标准品	色谱纯	Sigma-Aldrich 公司
I-角叉菜胶	分析纯	Sigma-Aldrich 公司
N-(3-二甲基氨基丙基)-N′-乙基碳二亚胺盐酸盐	分析纯	Sigma-Aldrich 公司
木瓜蛋白酶	40 万 IU	南宁东恒华道生物科技有限责任公司
牛血清白蛋白标准品	色谱纯	上海沪试实验室器材股份有限公司
Superdex-200 葡聚糖凝胶	分析纯	扬州博瑞糖生物科技有限公司
DEAE Purose 6 Fast Flow	分析纯	江苏千纯生物科技有限公司
DEAE Sepharose Fast Flow	分析纯	江苏千纯生物科技有限公司
BRT105-104-102 串联凝胶柱	分析纯	扬州博瑞糖生物科技有限公司
Agilent eclipse plus C18	分析纯	Agilent 公司
肝素标准物	药品	河北常山生化药业股份有限公司
凝血酶时间测定试剂盒(TT)	10×15mL	希森美康(SIEMENS)医用电子(上海)有限公司
凝血酶原时间测定试剂盒(PT)	10×15mL	希森美康(SIEMENS)医用电子(上海)有限公司
纤维蛋白原测定试剂(凝固法)(FIB)	10×15mL	希森美康(SIEMENS)医用电子(上海)有限公司
活化部分凝血活酶时间测定试剂盒(凝固法)(APTT)	10×15mL	希森美康(SIEMENS)医用电子(上海)有限公司
前列环素(干粉法)(PGI$_2$)	小鼠 96T	南京建成生物工程研究所
血栓素 B$_2$(干粉法)(TXB$_2$)	小鼠 96T	南京建成生物工程研究所
内皮素-1(干粉法)(ET-1)	小鼠 96T	南京建成生物工程研究所
内皮型一氧化氮合酶(干粉法)(eNOS)	小鼠 96T	南京建成生物工程研究所
组织因子途径抑制物(干粉法)(TFPI)	小鼠 48T	南京建成生物工程研究所
抗凝血酶Ⅲ抗体(AT-Ⅲ)	小鼠 96T	江苏晶美生物科技有限公司
高分子量激肽原(HMWK)	小鼠 48T	江苏晶美生物科技有限公司
蛋白 C(PC)	小鼠 48T	江苏晶美生物科技有限公司
纤溶酶原(PLG)	小鼠 48T	江苏晶美生物科技有限公司
二甲苯	分析纯	阿拉丁试剂(上海)有限公司
伊红	分析纯	阿拉丁试剂(上海)有限公司
苏木精	分析纯	阿拉丁试剂(上海)有限公司
二甲基亚砜(DMSO)	色谱纯	阿拉丁试剂(上海)有限公司

2.1.3 仪器设备

实验中所用的主要仪器和设备见表 2-2。

表 2-2 主要仪器和设备

仪器名称	型号	生产厂家
分析天平	FA224	上海恒平科学仪器有限公司
高速万能粉碎机	FW177	天津市泰斯特仪器有限公司

续表

仪器名称	型号	生产厂家
全新气流式超微粉碎机	RT-25	北京中联台电机机械有限公司
电热鼓风干燥箱	DHG-9075A	上海昕仪仪器仪表有限公司
超声波清洗器	JP-180ST	深圳市洁盟清洗设备有限公司
恒温水浴锅	DK-98-ⅡA	上海虔钧科学仪器有限公司
旋转蒸发器	RE-3000	上海亚荣生化仪器厂
循环水真空泵	SHZ-Ⅲ	上海亚荣生化仪器厂
漩涡振荡器	XH-C	常州市固德仪器有限公司
低速离心机	80-2	常州润华电器有限公司
高速冷冻离心机	TGL-16	常州润华电器有限公司
超声波破碎仪	HX-900ET	上海沪析实业有限公司
紫外分光光度计	Lambda750	珀金埃尔默仪器(上海)有限公司(Perkin Elmer)
超纯水系统	Master touch-RUVF	上海洛亘自动化科技有限公司
酶标仪	MODEL-500	美国 Bio-Rad 公司
超净工作台	SW-CJ-1FD	上海一恒科技有限公司
显微镜	XSP-35TV-1600X	江西凤凰光学股份有限公司
蒸汽灭菌锅	SYQ-DSX-280B	上海申安医疗器械有限公司
真空冻干机设备	5427R	美国 Labconco 公司
冰柜(深冻)	870L	浙江捷盛制冷科技有限公司
高效液相色谱仪	Shimadu LC-10A	日本岛津
示差检测器	RI-502 SHODEX	日本岛津
气质联用色谱仪	Shimadzu GCMS-QP 2010	日本岛津
傅立叶红外光谱仪	8400S	日本岛津
高效液相色谱仪	Agilent1100 series	美国 Agilent 公司
超低温探头	Prodigy BBO 500-S1	瑞士 Bruker 公司
核磁共振仪	Avance Ⅲ 500	瑞士 Bruker 公司
原子力显微镜	Dimension Fastscan	德国 Bruker 公司
全自动凝血分析仪	CA-7000	希森美康(SIEMENS)医用电子(上海)有限公司
快速混匀搅拌器	SZ-1	江苏金坛市金城国胜仪器厂
自动核酸蛋白分离色谱仪	MA99-1	上海青浦沪西仪器厂
包埋机	KD-BM	浙江省金华市科迪仪器设备有限公司
病理切片机	KD-2258	浙江省金华市科迪仪器设备有限公司
摊片机	KD-P	浙江省金华市科迪仪器设备有限公司
冻台	KD-BL	浙江省金华市科迪仪器设备有限公司
烤箱	PHG-9070A	上海精宏实验设备有限公司
正置光学显微镜	OLYMPUS CK31	日本奥林巴斯
成像系统	TVO. 63XC-MO	明美 MSHOT

2.2 黑木耳抗凝血多糖的制备

2.2.1 原材料预处理

本实验采用东北地区特有的黑木耳（*Auricularia auricula*）子实体为原材料，经哈尔滨工业大学化工与化学学院王振宇教授鉴定。所选当年秋耳除杂后，采用高速万能粉碎机粉碎，过 80 目筛。然后将所得黑木耳粉置于烘箱（40℃）中进行干燥，至恒重。

2.2.2 黑木耳抗凝血多糖提取工艺优化

本实验采用超声辅助碱液（0.1mol/L NaOH）浸提法提取黑木耳多糖。先对影响多糖得率的指标进行参数优化，以提高多糖得率，并以 APTT 为活性跟踪指标，衡量粗多糖的抗凝血活性。通过预备实验，确定影响超声辅助碱液提取多糖的主要参数为提取温度、提取时间、液料比和超声功率，在这几个因素的单因素实验基础上，以得率和 APTT 为指标，对多糖提取工艺进行四因素三水平响应面法优化，以获得最佳的黑木耳多糖提取条件。

2.2.2.1 多糖含量的测定

黑木耳多糖的含量采用微量苯酚-硫酸法进行测定[154]。

（1）葡萄糖标准溶液的配制

将葡萄糖标准品干燥至恒重，准确称取 10mg 溶于去离子水中，容量瓶定容至 250mL，可得 $40\mu g/mL$ 葡萄糖标准溶液。

（2）苯酚溶液的配制

快速称取 6g 苯酚，溶于去离子水中，用棕色容量瓶定容到 100mL，避光超声数秒，混合均匀，于冰箱储存备用。

（3）葡萄糖标准曲线的绘制

按照表 2-3 所示，在 2mL 的 EP 管里，依次按顺序加入样品、去离子水、苯酚和浓硫酸，混匀，90℃水浴加热5min，后快速水浴冷却至室温，用去离子水做空白对照，用酶标仪测量其在490nm下的吸光度值。制作葡萄糖标准曲线，见附录（图1）。

（4）样品多糖含量的检测

用移液枪准确吸取400μL稀释后的各黑木耳多糖溶液，按照表2-3加入苯酚溶液和浓硫酸，按上述方法测定吸光度值，依据葡萄糖标准曲线计算多糖含量。多糖得率计算方法见式(2-1)。

$$Y = \frac{m_1}{m_2} \times 100\% \tag{2-1}$$

式中　Y——多糖得率，%；

m_1——提取出的多糖质量，g；

m_2——提取物中的多糖质量，g。

表2-3　葡萄糖标准曲线制备方法

试剂	编号						
	1	2	3	4	5	6	7
葡萄糖标准溶液/μL	80	120	160	200	240	280	320
去离子水/μL	320	280	240	200	160	120	80
苯酚溶液/μL	200	200	200	200	200	200	200
浓硫酸/mL	1.0	1.0	1.0	1.0	1.0	1.0	1.0

2.2.2.2　提取温度对多糖得率的影响

将5g脱脂黑木耳粉在提取时间25min、液料比100mL/g和超声功率225W的条件下，分别采用40℃、50℃、60℃、70℃、80℃、90℃、100℃进行多糖提取。高速离心去除不溶性纤维素类物质，采用微量苯酚-硫酸法测定提取液中多糖含量，计算得率。

2.2.2.3　提取时间对多糖得率的影响

将5g脱脂黑木耳粉在提取温度70℃、液料比100mL/g和超声功率225W的条件下，分别采用10min、15min、20min、25min、30min、35min和40min的提取时间进行多糖提取。离心去除不溶性纤维素类物质，采用微量苯酚-硫酸法测定提取液中多糖含量，计算得率。

2.2.2.4　液料比对多糖得率的影响

　　将 5g 脱脂黑木耳粉在提取温度 70℃、提取时间 25min 和超声功率 225W 的条件下，分别采用液料比 20mL/g、40mL/g、60mL/g、80mL/g、100mL/g 和 120mL/g 进行多糖提取。离心去除不溶性纤维素类物质，采用微量苯酚-硫酸法测定提取液中多糖含量，计算得率。

2.2.2.5　超声功率对多糖得率的影响

　　将 5g 脱脂黑木耳粉在提取温度 70℃、提取时间 25min 和液料比 100mL/g 的条件下，分别采用额定功率（900W）的 10%、15%、20%、25%、30%、35% 和 40%，即 90W、135W、180W、225W、270W、315W、360W 的超声功率进行多糖提取。离心去除不溶性纤维素类物质，采用微量苯酚-硫酸法测定提取液中多糖含量，计算得率。

2.2.2.6　响应面法优化提取工艺

　　在上述单因素实验的基础上，根据 Box-Beknhen（Design Expert software 8.0.5）中心组合实验设计原理，设计四因素三水平响应面分析实验。考察提取温度（X_1）、提取时间（X_2）、液料比（X_3）和超声功率（X_4）四个因素对响应值多糖得率 Y 和 APTT 的影响，优化多糖提取工艺。单因素独立变量及水平如表 2-4 所示。

表 2-4　多糖提取单因素独立变量及水平

单因素变量	水平		
	−1	0	1
X_1（提取温度）/℃	60	70	80
X_2（提取时间）/min	20	25	30
X_3（液料比）/(mL/g)	80	100	120
X_4（提取功率）/W	180	225	270

2.2.2.7　APTT 活性跟踪

　　手工法测定 APTT。采常人静脉血，将 1.8mL 血液与 0.2mL 柠檬酸钠混合,经离心分离(3000r/min,10min)后得贫血小板血浆。在洁净试管中分别加入血浆和 APTT 试剂各 $200\mu L$,混匀后置于 37℃水浴箱中孵育 3min,加入预先孵育(37℃,3min)的 10mmol/L 氯化钙溶液 $200\mu L$ 和多糖样品溶液 $50\mu L$,用移液枪吹吸混匀,开始计时,并同时置于 37℃水浴中不断振摇,约 25s 开始,不时缓慢倾斜试管,观察试管内液体流动状态,当试管内液体不流动时停止计时,记录时间。

将上述制得的黑木耳多糖提取液采用真空旋转蒸发的方式浓缩至原体积的 1/5,按照体积比 1∶4 加入无水乙醇,4℃冰箱过夜醇沉。4000 r/min离心 15min 后,弃上清,将所得沉淀低温烘干备用。

2.2.3 黑木耳抗凝血多糖 Papain-Sevag 脱蛋白工艺的优化

采用水(碱)溶醇沉的方法提取多糖,极性相近的蛋白质很容易与多糖一起被提取出来[128],而蛋白质的脱除程度与进一步的纯化和多糖生物学功能的研究都有直接关系[182]。在单因素实验的基础上,采用两次 $L9$ $(_3{}^3)$ 正交试验设计,优化脱蛋白工艺。首先,以脱蛋白效果为指标,优化 Sevag 法的脱蛋白次数、多糖与 Sevag 试剂比和氯仿与正丁醇比三个工艺条件,得到 Sevag 法脱蛋白的最佳工艺条件。然后在此基础上,再继续优化木瓜蛋白酶(papain)辅助脱蛋白的酶用量、酶解时间和酶解温度三个条件,最终得到最佳的脱蛋白方案。评价计算方法见式(2-2)、式(2-3)和式(2-4)。

$$PR = \frac{m_1}{m_2} \times 100\% \qquad (2-2)$$

式中　PR——多糖保留率,%;

m_1——脱蛋白后的多糖质量,g;

m_2——脱蛋白前的多糖质量,g。

$$CP = \frac{m_1 - m_2}{m_1} \times 100\% \qquad (2-3)$$

式中　CP——蛋白脱除率,%;

m_1——脱蛋白前的蛋白质质量,g;

m_2——脱蛋白后的蛋白质质量,g。

使用全面加权评分方法[183],将多糖保留率和蛋白脱除率的分值分别设置为 100 分，权重系数均为 0.5。正交试验以综合得分为指标，来评价黑木耳粗多糖的脱蛋白效果。

$$SS=\frac{PR}{PR_{max}}\times 0.5\times 100\% +\frac{CP}{CP_{max}}\times 0.5\times 100\% \tag{2-4}$$

式中　SS——综合得分；

　　PR$_{max}$——最大多糖保留率，%；

　　CP$_{max}$——最大蛋白脱除率，%；

　　PR——多糖保留率，%；

　　CP——蛋白脱除率，%。

2.2.3.1　蛋白质含量的测定方法

蛋白质含量的测定方法采用考马斯亮蓝法[184]。

(1) 考马斯亮蓝 G-250 溶液的配制

准确称取 50mg 考马斯亮蓝，溶解于 25mL 乙醇（50%）溶液中，然后加入等体积磷酸（85%），定容至 500mL，备用。

(2) 蛋白质标准溶液的配制

准确称取 10mg 牛血清白蛋白，溶于去离子水，用容量瓶定容到 100mL，即得浓度为 0.1mg/mL 蛋白质标准溶液。

(3) 蛋白质标准曲线的制作

按照表 2-5 各试剂的添加量，制作蛋白质标准曲线。试剂添加好后混匀，室温静置 10min，采用分光光度计在 595nm 波长下测定吸光度值，标准曲线见附录（图 2）。

表 2-5　蛋白质标准曲线制备方法

试剂	编号					
	1	2	3	4	5	6
蛋白质标准溶液/mL	0	0.2	0.4	0.6	0.8	1.0
去离子水/mL	1.0	0.8	0.6	0.4	0.2	0
考马斯亮蓝溶液/mL	5.0	5.0	5.0	5.0	5.0	5.0

(4) 样品中蛋白质含量的测定

用移液枪准确吸取 1.0mL 各黑木耳多糖溶液，加入 5mL 考马斯亮蓝溶液，按上述方法测定吸光度值。根据蛋白质标准曲线方程计算溶液中的蛋白质含量。

2.2.3.2　Sevag 脱蛋白工艺的优化

在脱蛋白工艺优化实验中，采用的是 0.1g/mL 的黑木耳粗多糖为研究对象，具体操作流程如下：

各个单因素的中心点作用条件分别为：脱蛋白 3 次、多糖溶液与 Sevag 试剂比例（体积分数）为 3:1，氯仿与正丁醇比例（体积分数）为 4:1。各单因素条件的实验范围分别为：脱蛋白次数（A）1 次、2 次、3 次、4 次、5 次和 6 次；多糖溶液与 Sevag 试剂比例（B）1:1、2:1、3:1、4:1、5:1 和 6:1；氯仿与正丁醇比例（C）1:1、2:1、3:1、4:1、5:1 和 6:1。

操作过程中，注意梨形分液漏斗旋紧以后，手动上下剧烈振动 15min，使糖液中的蛋白质与 Sevag 试剂充分混合，利用氯仿使蛋白质变性，糖液经 4000r/min 离心 5min，取上清液——脱蛋白后的多糖溶液。在单因素实验的基础上，进行正交试验优化各因素对脱蛋白效果的影响，多糖的 Sevag 脱蛋白正交试验因素及水平，见表 2-6。

表 2-6　Sevag 脱蛋白单因素独立变量及水平

水平	脱蛋白次数 （A）	多糖与 Sevag 试剂比值 （B）（体积分数）	氯仿与正丁醇比值 （C）（体积分数）
1	3	2	3
2	4	3	4
3	5	4	5

2.2.3.3　酶辅助脱蛋白工艺的优化

以木瓜蛋白酶（papain）为脱蛋白辅助用酶。单因素的中心点作用条件为：酶添加量（D）0.3%、酶解时间（E）3h 和温度（F）55℃。单因素条件实验范围分别为：酶添加量 0.1%、0.2%、0.3%、0.4% 和 0.5%，酶解时间 1h、2h、3h、4h 和 5h，温度 40℃、45℃、50℃、55℃、60℃ 和 65℃。反应结束时用沸水 5min 灭酶，后迅速冷却，按照

Sevag 脱蛋白的最佳工艺条件进行酶解液的脱蛋白处理，测定并计算多糖保留率、蛋白脱除率和综合得分。正交试验因素及水平，见表 2-7。

表 2-7 酶辅助脱蛋白单因素独立变量及水平

水平	酶浓度(D)/%	酶解时间(E)/h	酶解温度(F)/℃
1	0.1	2.0	50
2	0.2	2.5	55
3	0.3	3.0	60

2.2.3.4 间羟基联苯比色法测定醛酸含量

采用间羟基联苯比色法[155,185]，以半乳糖醛酸（GalA）为标准物质，测定黑木耳多糖组分中醛酸含量，具体操作如下：

（1）溶液的配制

实验中所需溶液的配制方法及最终浓度见表 2-8，各个溶液配制好后备用。

（2）标准曲线的制作

按照表 2-9 的方法制作标准曲线，具体所得标准曲线及方程见附录（图 3）。

表 2-8 标准溶液配制方法及最终浓度

溶液名称	溶质质量/g	溶剂,定容体积/mL	最终浓度/(mg/mL)
间羟基联苯溶液	0.15	NaOH(5mg/mL),100	1.5
四硼酸钠硫酸溶液	0.498	浓 H_2SO_4,100	4.98
GalA 标准溶液	0.050	去离子水,50	1.0

表 2-9 半乳糖醛酸标准曲线制备方法

试剂	编号						备注
	1	2	3	4	5	6	
GalA 标准溶液/mL	0.1	0.2	0.3	0.4	0.5	0.6	
去离子水/mL	0.9	0.8	0.7	0.6	0.5	0.4	
$Na_2B_4O_7$-H_2SO_4/mL	6.0	6.0	6.0	6.0	6.0	6.0	冰浴
旋涡混匀后,沸水加热 5min,冰浴冷却至室温							
间羟基联苯溶液/mL	0.1	0.1	0.1	0.1	0.1	0.1	
混合均匀,超声脱气后于 525nm 测定吸光度值							

（3）样品中糖醛酸含量的测定

用移液枪准确吸取 1.0mL 待测黑木耳多糖溶液，稀释一定比例后，用样品替代标准半乳糖醛酸，按上述方法加入四硼酸钠硫酸溶液和间羟基联苯溶液，测定吸光度值。根据曲线方程计算样品中糖醛酸的含量。

脱蛋白处理对黑木耳多糖（dp-cAAP）抗凝血活性的影响，利用体外 APTT 来衡量，方法见 2.2.2.7。

2.3 黑木耳抗凝血多糖的纯化

经上述脱蛋白处理后的多糖，用丙酮和乙醚反复多次脱脂，去离子水连续透析 48h（截留分子量 3500）后，通过冷冻干燥制得黑木耳粗多糖（dp-cAAP）。本研究在离子交换色谱对多糖的分级纯化过程中，同时可以实现对水溶性色素的脱除[71]。

对 dp-cAAP 进行 CTAB 沉淀分离黑木耳酸性多糖，再结合 DEAE Sepharose Fast Flow 离子交换色谱进行黑木耳酸性多糖的极性分离，得到不同的黑木耳多糖组分。采用凝血四项实验跟踪各个组分的体外抗凝血活性，对活性最高组分采用 HPGPC 法进行纯度鉴定和分子量检测，对分级的组分利用 APTT 跟踪抗凝血活性，再利用 Superdex-200 琼脂糖葡聚糖凝胶对活性最强的组分进行进一步纯化。

2.3.1 CTAB 沉淀黑木耳酸性多糖

参考 Tomoda[118]和王雪[186]的方法，操作如下：①准确称量 100mg cAAP，用超纯水配制成 10mg/mL 的糖溶液，与 5% 的 CTAB 溶液按照 2:1 的体积比进行混合，于 4℃ 冰箱静置过夜；②高速离心机（8000 r/min，20min）分离，得上清液和沉淀；③沉淀物用 0.2mol/L 的 500mL NaCl 复溶，离心去除不溶物后，上清液用 4 倍体积的无水乙醇沉淀；④离心分离后，沉淀物用乙醇和乙醚各清洗 2 次，抽滤、低温干燥后，溶解于一定量纯水中，经透析、冻干后得黑木耳酸性多糖（aAAP）。

2.3.2 DEAE Sepharose Fast Flow 分离纯化黑木耳抗凝血多糖

填料先用 0.5mol/mL 的 HCl 浸泡 1h，然后洗去填料中的杂质物，用 4～5 倍体积的去离子水洗脱至中性。调整流速为 5mL/min，用去离子水平衡 2h。用 50mL 去离子水溶解 5.8g 的 aAAP，加热、涡旋、12000 r/min 离心，取上清液上样。调整流速为 15mL/min，用去离子水进行洗脱。用三倍柱体积的去离子水及 0.2mol/L、0.5mol/L 和 2.0mol/L NaCl 洗脱。按照 2.2.2.1 方法追踪检测多糖含量，绘制管数与吸光度值之间的曲线图，根据峰形，分别合并收集，浓缩，3500 透析袋透析，冷冻干燥得不同极性组分。

2.3.3 Superdex-200 凝胶色谱纯化黑木耳抗凝血多糖

对抗凝血活性最高的组分，利用 Superdex-200 琼脂糖葡聚糖凝胶进行进一步纯化。准确称取冻干样品 1000mg，溶解于 8mL 去离子水中，12000r/min 离心 10min，取上清液上样。利用高效液相色谱仪（美国 Agilent1100 series）和示差检测器（RI-502SHODEX）在线检测收集，收集对称峰，根据管数与吸光度值的曲线峰合并收集洗脱液。将收集液通过旋转蒸发仪进行浓缩、冷冻干燥，得到凝胶柱分离纯化多糖。

2.4 黑木耳多糖抗凝血活性跟踪

为筛选出黑木耳中具有体外抗凝血活性的多糖组分，实验中对纯化各组分体外抗凝血活性进行跟踪，主要考察各组分对 APTT、PT 和 TT 以及 FIB 含量的影响，具体操作如下：①贫血小板血浆的制备同 2.2.2.7；②用移液枪取黑木耳多糖样品溶液（12.5μg/mL、25μg/mL、50μg/mL、250μg/mL、500μg/mL 和 1000μg/mL）、生理盐水 50μL、贫血小板血浆 200μL 加入一次性微量测量杯中，用一次性吸管吹吸混匀，清除气泡，置于 37℃水浴中孵育 3min；③将测量杯置于全自动凝血检测仪样品滑道卡槽上，开始检测；④ 以生理盐水为空白对照，肝素（2.5IU/mL 和 25IU/mL，生理盐水作稀释液）为阳性对照。

2.5 黑木耳抗凝血多糖的结构表征

对经过提取、分离纯化并且活性最高的黑木耳抗凝血多糖组分进行结构分析和鉴定，对分子量、单糖组成、特征官能团、糖苷键类型和多糖结构等进行分析。

2.5.1 分子量及纯度分析

黑木耳多糖组分的分子量和均一性可通过高效凝胶渗透色谱法（HPGPC）测定[187]，具体操作如下：

（1）流动相配制

精密称取氯化钠，并配制成 0.05mol/L 的氯化钠溶液，过滤，超声脱气。

（2）样品和标准品的配制

精密称取多糖冻干样品和多糖分子量标准品，配制成 5mg/mL 溶液，12000r/min 离心 10min，上清液用 0.22μm 的微孔滤膜过滤，然后将 20μL 样品转置于 1.8mL 进样瓶中。

（3）检测条件

用岛津 LC-10A 高效液相色谱仪、RID-20A 示差检测器、BRT105-104-102 串联凝胶柱（$\Phi \times h$，8mm×300mm）进行分子量和纯度的检测。流动相流速为 0.6mL/min，柱箱温度为 40℃。

以不同分子量的葡聚糖（M_w1152、11600、23800、48600、80900、148000、273000、409800）作标准品，绘制分子量对数与保留时间之间的标准曲线，按照分子量标准曲线方程计算待检测样品的分子量。洗脱液管数与吸光度值作曲线图。标准多糖 lgM_p-RT、lgM_n-RT、lgM_w-RT 的校正曲线见附录（图4、图5和图6）。

2.5.2 单糖组成分析

采用高效液相色谱法（HPLC）测定黑木耳抗凝血多糖组分的单糖组成，具体操作如下：

（1）样品的前处理

称取 2mg 干燥的纯多糖样品分别置于带帽反应管中，加入 2mol/L 的三氟乙酸（TFA）3mL，盖紧管帽，在 110℃条件下水解 3h，冷却后将水解液移至鸡心瓶中，少量多次加入甲醇，减压浓缩至干，加入 200μL 超纯水，转动鸡心瓶使水解后的样品充分溶解，将溶解后的液体转移至 1.5mL EP 管中，备用。

（2）样品的衍生

取 200μL 水解后溶液至反应管中，加入 0.6mol/L 的氨水 100μL，再加入 0.5mol/L 的 1-苯基-3-甲基-5-吡唑啉酮（PMP）100μL，盖紧管帽，混匀，封口，在 70℃条件下衍生 100min。终止反应后冷却至室温，放置 10min，加入 0.3mol/L 的乙酸 200μL 中和氨水，摇匀后，再加入等体积的氯仿进行萃取，所得水相用液相色谱进行测定。混合单糖标准品（甘露糖、葡萄糖、葡萄糖醛酸、半乳糖醛酸、半乳糖、阿拉伯糖、木糖、岩藻糖和鼠李糖）衍生方法同样品的衍生步骤。

（3）流动相配制

流动相 A 为纯乙腈，流动相 B 为 NaH_2PO_4 缓冲液（0.45g NaH_2PO_4 粉末＋900mL 纯净水＋1.0mL TEA＋100mL 乙腈）。

（4）洗脱条件

色谱柱：Agilent eclipse plus C18（4.5mm×150mm，5μm）。梯度洗脱：0min；94%B＋6%A，4min；88%B＋12%A，50min。进样量：10μL，流速 1.0mL/min，检测器波长为 254nm，柱箱温度为 35℃。

2.5.3 傅立叶红外光谱分析

黑木耳多糖冻干样品，经低温干燥至恒重后，精密称取样品 2mg 和溴化钾 200mg，混合均匀，在玛瑙研钵中充分研磨，压制成片，空白对照采用溴化钾粉末压片而成。压片后用傅立叶红外光谱仪（Shimadzu 8400S）在 400~4000cm^{-1} 波长范围内进行光谱扫描。

2.5.4　β-消去反应

准确称取两份黑木耳多糖（各 5mg），分别溶于 5mL NaOH（0.2mol/L）溶液和 5mL 去离子水中，45℃水浴 3h 后，采用紫外分光光度计对各溶液在 190～440nm 波长范围内进行光谱扫描。

2.5.5　部分酸水解分析

2.5.5.1　多糖部分酸水解处理

准确称取黑木耳多糖样品 30mg，溶解于 10mL 0.01mol/L TFA 溶液中，封管后于 90℃水解 2h。水解结束后减压抽干，透析（MWCO 3500）3d，透析袋内溶液浓缩后经乙醇沉淀、洗涤，复水后冷冻干燥，得透析袋内组分，透析袋外溶液经浓缩冻干后得透析袋外组分[188]，各组分通过 GC-MS 检测单糖组成。

2.5.5.2　单糖的检测

（1）乙酰化

将烘干后的样品，加入 1mL 乙酸酐乙酰化 100℃反应 1h，冷却，然后加入 3mL 甲苯，减压浓缩蒸干，重复 4～5 次，以除去多余的醋酐。将乙酰化后的产物用 3mL 氯仿溶解后转移至分液漏斗，加入少量去离子水充分振荡后，除去上层水溶液，如此重复 5 次。氯仿层以适量的无水硫酸钠干燥，定容至 10mL，采用 Shimadzu GCMS-QP 2010 测定乙酰化产物样品。

（2）GC-MS 条件参数

采用 RXI-5 SIL MS 色谱柱（30m×0.25mm×0.25μm）测定。程序升温条件为：起始温度 120℃，以 3℃/min 升温至 250℃，保持 5min；进样口温度为 250℃，检测器温度为 250℃，载气为氦气，流速为 1mL/min。质量扫描范围：35～450u（1u≈1.660540×10^{-27}kg），用 NIST02 质谱库进行检索。

2.5.6　高碘酸氧化和 Smith 降解

2.5.6.1　高碘酸钠标准曲线

预先配制 0.015mol/L 的高碘酸钠溶液和碘酸钠溶液各 100mL，将两种溶液分别以 5∶0、4∶1、3∶2、2∶3、1∶4 和 0∶5 的体积比进行混合，各取混合液 0.4mL，用去离子水定容至 100mL，然后用紫外分光光度计测定各溶液在 223nm 波长处的吸光度值[189]。以高碘酸钠浓度（mmol/L）为横坐标和吸光度值为纵坐标，制作标准曲线。标准曲线见附录（图 7）。

2.5.6.2　高碘酸氧化

准确称取黑木耳多糖 20mg 溶于 25mL 高碘酸钠溶液（0.015mol/L）中，于 4℃下避光放置。每 4h 取样测定溶液在 223nm 波长处的吸光度值，直至吸光度值保持稳定，表明氧化完全，向溶液中加入乙二醇终止氧化反应。用 0.01mol/L NaOH 溶液滴定，测定甲酸的生成量；高碘酸钠的消耗量则根据标准曲线计算[190]。

2.5.6.3　Smith 降解

将高碘酸钠氧化产物依次经去离子水透析 48h，然后加入 50mg 硼氢化钠于室温下振荡还原 12h，加入适量乙酸溶液至 pH 5.5 左右，再透析 48h，冷冻干燥。冻干样品继续采用 2mol/L TFA 溶液在 120℃下完全水解，反复加入甲醇，氮气吹干以去除残留的 TFA[191]。将水解产物按照 2.5.5.2 进行乙酰化处理和 GC-MS 检测。

2.5.7　甲基化分析

2.5.7.1　醛酸的还原实验

采用糖醛酸还原仪进行还原实验。称取多糖样品（aAAP Ⅰ-b2）80mg 置于烧杯内，加入蒸馏水溶解，然后加入醛酸活化剂［N-(3-二甲基氨基丙基)-N'-乙基碳二亚胺盐酸盐（Sigma-Aldrich E1769）]，将还原仪设定 pH 4.8，反应 3h；再将 pH 设定 6.8，反应 2h。浓缩样品，透析，反复还原 5 次，冻干。将得到的样品进行甲基化分析。

2.5.7.2　甲基化实验

将多糖样品（aAAP I-b2）置于反应瓶中，加入 DMSO，快速加入 NaOH 粉末，封闭，在超声作用下溶解，再加入碘甲烷反应，最后加水至混合物终止甲基化反应。取甲基化后的多糖，用 1mL 2mol/L 三氟乙酸水解 90min，旋转蒸发仪蒸干。残基加入 2mL 双蒸水、60mg 硼氢化钠还原 8h，加入冰醋酸中和，旋转蒸发仪蒸干，100℃烘箱烘干，然后加入 1mL 乙酸酐乙酰化 100℃反应 1h，冷却，加入 3mL 甲苯，减压浓缩蒸干，重复 5 次，以除去多余的醋酐。将乙酰化后的产物用 3mL 氯仿溶解后转移至分液漏斗，加入少量蒸馏水充分振荡后，除去上层水溶液，如此重复 4 次。氯仿层以适量的无水硫酸钠干燥，定容至 10mL，采用气相色谱-质谱联用仪（Shimadzu，GCMS-QP 2010）测定乙酰化产物样品。RXI-5 SIL MS 色谱柱：30m×0.25mm×0.25mm。程序升温条件为：起始温度 120℃，以 3℃/min 升温至 250℃，保持 5min；进样口温度为 250℃，检测器温度为 250℃，载气为氦气，流速为 1mL/min。

2.5.8　核磁共振分析

准确称取 30mg 黑木耳多糖样品（aAAP I-b2），溶于 1mL 99.9% 重水，室温放置 12h，以充分溶解。采用配备超低温探头（Prodigy BBO 500 S1）的 Bruker Avance Ⅲ（500Hz）核磁共振检测系统，对黑木耳多糖进行 1D NMR（^{1}H 谱、^{13}C 谱）和 2DNMR（COSY 谱、HSQC 谱、HMBC 谱）的光谱分析。

2.6　黑木耳抗凝血多糖的形貌特征

黑木耳抗凝血多糖的形貌特征主要通过原子力显微镜（AFM）和刚

果红实验进行研究。

2.6.1　原子力显微镜分析

取适量黑木耳多糖（aAAP Ⅰ-b2）溶于超纯水中，配制终浓度为 12.5μg/mL，滴加适量到无水乙醇浸泡、清洗过的载玻片中央位置上，使液滴均匀平铺在载玻片上，呈 1cm 左右直径大小的圆形，在室温下自然干燥，防止灰尘落入。待样品干燥后即可通过原子力显微镜进行扫描。工作条件：在室温、空气相对湿度小于 60% 时，将制备好的多糖样品在 Nano Scope Ⅴ 型原子力显微镜下进行扫描。扫描采用 tapping 模式，作用力控制在 3～4nN 量级以内；扫描尺寸：3.00μm 和 6.00μm；扫描频率：1.00Hz；所用探针为 Si_3N_4；微悬臂长：225μm；弹性系数：0.6～3.7N/m。图像处理软件为 Nano Scope Analysis 1.9。

2.6.2　刚果红实验

将 2mL 去离子水与 2mL 80μmol/L 刚果红溶液混合，后逐渐加入 1mol/L NaOH 溶液 4mL，使溶液的 NaOH 浓度依次为 0mol/L、0.05mol/L、0.10mol/L、0.15mol/L、0.20mol/L、0.25mol/L、0.30mol/L、0.35mol/L、0.40mol/L、0.45mol/L 和 0.50mol/L。用紫外可见光谱仪进行扫描，得不同 NaOH 浓度下的最大吸收波长，以 NaOH 浓度为横坐标，最大吸收波长为纵坐标，绘制对照组曲线[192]。准确称量多糖样品 5mg，溶于 2mL 去离子水中，替代上述操作中的去离子水，重复操作，绘制样品曲线。

2.7　黑木耳多糖体内抗凝血活性分析

2.7.1　小鼠血栓模型的建立

实验期间，所有小鼠自由进食饮水，饲养于无菌专业动物实验室，温度保持室温，相对湿度控制在 55%～65%，12h 光昼夜循环，保持良好通风，每日更换小鼠垫料。实验过程严格遵守实验动物伦理规范章程。适应性饲养 5d 后，将小鼠随机分为 6 组，每组 16 只，灌胃量为每只小鼠每天 0.2mL，饲喂 14d 后造模，于小鼠下腹部注射 0.5% 角叉菜胶，剂量为每 10g 体重 0.1mL[29]，造模后各组按照原方式继续喂养 3d。各实验组命名及给药方式见表 2-10。

表 2-10 各实验组命名及给药方式

序号	组别	给药方式
A	空白组	生理盐水
B	模型组	生理盐水
C	阿司匹林对照组	阿司匹林 20mg/kg
D	aAAP I-b2 低剂量组	aAAP 50mg/kg
E	aAAP I-b2 中剂量组	aAAP 100mg/kg
F	aAAP I-b2 高剂量组	aAAP 200mg/kg

实验中灌胃小鼠所用的多糖溶液及阿司匹林溶液均为新鲜配制，不同剂量按照灌胃体积，进行不同浓度的配制，且于每日 9:00 固定时间给小鼠灌胃。给药量及方法根据文献报道[25,193]及预备实验确定。实验期间，小鼠体重每日称量、记录。

用柠檬酸钠血液采集管心脏采血，混合约 20min 后，所得血液于 4℃下 3000r/min 离心 10min 收集血浆，−20℃保存备用。小鼠采血、解剖后，迅速取下小鼠的肝脏、脾脏和胸腺，称重后用液氮速冻，−80℃保存备用。

2.7.2 小鼠血常规指标的检测

各组分别在实验正式给药喂养之前和给药喂养 14d 后造模之前两个时间点采血，测量血红蛋白、白细胞、血小板等血常规指标。

2.7.3 小鼠尾部血栓相对长度和血栓抑制率实验

于造模 24h 后观察小鼠的黑尾情况，用卡尺测量小鼠尾巴全长及血栓黑尾长度。计算小鼠尾部血栓相对长度（relative average tail length，RATL）及血栓相对长度抑制率（inhibition rate of thrombus relative length，IR)[193]，并记录各实验组小鼠的黑尾出现率[194]。

$$RATL=\frac{L_1}{L_2}\times100\%\qquad(2\text{-}5)$$

式中　RATL——血栓相对长度，mm；

L_1——小鼠黑尾长度，mm；

L_2——小鼠尾巴全长，mm。

$$IR=\left(1-\frac{A_1}{A_2}\right)\times100\%\qquad(2\text{-}6)$$

式中　IR——血栓相对长度抑制率，%；

A_1——样品组的 RATL 平均值，mm；

A_2——模型组的 RATL 平均值，mm。

2.7.4　小鼠断尾出血时间实验

在连续给药第 14d 的给药后 2h，先将小鼠尾部在 37℃ 水浴中预热 3min，再用刀片精确地在小鼠尾部血栓末端处切断（约 2mm），并迅速将鼠尾末梢插入 37℃ 生理盐水中，约 15mm 深。从插入时开始计时，到小鼠尾部血液凝固停止流血为断尾出血实验时间（bleeding time/s）。小鼠尾部流血时间以 300s 为统计限度，超过均计为 300s[195]。

2.7.5　小鼠尾部血栓苏木精-伊红染色实验

苏木精-伊红染色法（HE），基本原理是碱性的苏木精可以使细胞核内的染色质着紫蓝色，而酸性的伊红可以使细胞质和细胞外基质中的成分着红色。取小鼠尾部相同部位约 0.5cm 长，做血栓 HE 染色实验，显微镜下观察血栓的大小及形态。

2.7.5.1　组织石蜡包埋切片实验步骤

组织石蜡包埋及切片处理的过程主要包括：取材、脱水、包埋和切片几个操作步骤[196]。

2.7.5.2　HE 染色实验步骤

石蜡包埋以后的组织切片经过脱蜡、苏木精-伊红染色和脱水封片几个处理过程，结束后用显微镜镜检，采集图像并分析，具体方法见文献［196］。

2.8　aAAP Ⅰ-b2小鼠体内抗血栓途径的研究

2.8.1　aAAP Ⅰ-b2抑制血小板活化途径

血管内皮细胞可以分泌一系列抗血栓物质，其中一部分因子的功能是抑制血小板活化，可以在血栓形成的初期起到抑制其形成的作用。实验中，角叉菜胶血栓造模3d后，心脏采血制备血清，利用ELISA实验考察aAAP Ⅰ-b2对前列环素（PGI$_2$）、血栓素 B$_2$（TXB$_2$）、一氧化氮合酶（eNOs）和内皮素-1（ET-1）四个指标的影响，评价aAAP Ⅰ-b2对小鼠内皮细胞分泌的抗血小板活化抑制血栓形成途径的影响。具体操作按照试剂盒说明书方法，将血清样本稀释2倍后进行检测。制作标准曲线，并利用标准曲线的回归方程计算检测结果。标准曲线见附录（图8）。

2.8.2　aAAP Ⅰ-b2抗凝血活性途径

抗凝系统由细胞与抗凝因子和蛋白质两方面组成，而抗凝因子和蛋白质在抗血栓形成中可发挥更重要的作用。本实验通过比较不同实验组小鼠肝脏组织的抗凝血酶Ⅲ（AT-Ⅲ）、蛋白C（PC）和组织因子途径抑制物（TFPI）的变化，考察aAAP Ⅰ-b2通过抗凝血途径对小鼠体内血栓形成的影响。

肝脏组织处理方法：小鼠肝脏取出后称重，按照100mg样本溶于1mL PBS（pH 7.4）溶液的比例混合，采用匀浆器匀浆，离心分离（3000r/min，20min）后取上清液。操作按说明书方法，标准曲线见附录（图9）。

2.8.3　aAAP Ⅰ-b2促进纤溶活性途径

高分子量激肽原（HMWK）是由肝脏组织合成促纤溶反应的重要辅

因子，并且可以促进凝血系统中因子 XII 的激活，从而启动凝血级联反应。肝脏组织处理及检测方法同 2.8.2。肝脏中纤溶酶原（PLG）含量的测定、样品制备及实验操作方法同 2.8.2。标准曲线见附录（图 10）。

2.9 数据统计与分析

本研究中，所有实验独立重复至少 3 次，结果以平均值±标准方差的形式表示。各组数据均通过 SPSS 17.0 软件进行单因素方差分析（one-way ANOVA），经 Duncan's 检验取得显著性分析。$P < 0.05$ 表明结果在统计学上具有显著性差异，$P < 0.01$ 表明该结果差异极显著。数据图以 Graphpad prism 8.0 软件绘制。

第 3 章 ▶▶

黑木耳抗凝血多糖筛选及分离纯化工艺参数优化

3.1 概述

多糖是广泛存在于植物和动物中的一类生命大分子物质，并不是均一物质，可能受单糖组成、连接顺序、连接方式以及聚合度等的影响，形成非均一多糖组分。多糖的提取和纯化是后续多糖构效关系研究的基础，传统提取方法提取次数多，会造成较大程度的浪费，采用适当的辅助提取手段（酶解、超声、微波等）可以降低提取成本，提高多糖得率。在使用超声辅助提取时，需要严格控制超声的程度（包括超声功率和提取时间等），防止在提取过程中对多糖产生降解而影响提取率和生物学功能等。

目的性的提取方法，可以有效提高目的多糖的得率，在前期的研究中发现，抗凝血多糖多为酸性多糖，而碱液辅助提取酸性多糖是一种简便的有效方式。本实验采用超声提取设备，以一定提取液体积下的额定功率为上限，并结合一定浓度的碱液辅助提取黑木耳酸性多糖。水溶性多糖多采用醇沉的方式将多糖从溶液中分离出来，但在分离以后的粗多糖中往往含有与多糖分子量和极性相似的蛋白质分子，因此在进一步纯化之前，需要进行彻底的脱蛋白处理。Sevag[137]法自 1938 年用于血清中的核酸和蛋白质分离以来，广泛用于生物大分子中蛋白质的脱除处理，其最大优点是对待分离液中活性成分的影响极小，再辅以酶法，操作方便。脱蛋白处理以后的粗多糖，采用季铵盐沉淀的方式对酸性多糖进行特异性分离，再经离子交换柱进一步分级，凝胶柱纯化，制备均一的多糖组分。

本章采用超声辅助碱液浸提的方法提取黑木耳多糖，以多糖的提取率和 APTT 为响应值，利用响应面法优化最佳多糖提取工艺。采用乙醇沉淀的方法分离黑木耳粗多糖，再利用正交试验优化 Papain-Sevag 脱蛋白的工艺，脱蛋白以后的粗多糖分别采用 CTAB 结合 DEAE Sepharose Fast Flow 离子交换色谱进行分级，同时利用 APTT、PT、TT 和 FIB 实验跟踪分级多糖组分的体外抗凝血活性，对活性最高的组分采用 Superdex-200 凝胶色谱进行纯化。

3.2 黑木耳多糖的提取工艺优化

本研究采用超声辅助碱液浸提法从黑木耳中提取多糖，在单因素实验的基础上，以多糖的得率和 APTT 为指标，对多糖提取工艺中的提取温度、提取时间、液料比和超声功率进行响应面法优化。

3.2.1 单因素条件的确定

3.2.1.1 提取温度对多糖得率的影响

温度是多糖提取过程中的重要影响因素，较高的温度可以促进多糖从提取物中扩散到提取溶剂中，从而提高多糖得率。在本研究中，提取温度对多糖得率的影响如图 3-1 所示。

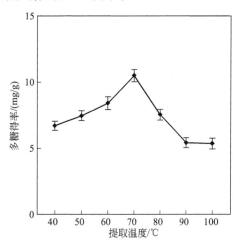

图 3-1 提取温度对多糖得率的影响

在提取时间 25min、液料比为 100mL/g 和超声功率 225W 的条件下，在 40~70℃ 范围内，黑木耳多糖的得率随提取温度的增加而逐渐增加；70℃时，得率最高（10.27±0.05mg/g）；超声辅助提取（UAE）在 70~100℃ 的范围内，随着温度的升高，多糖可能会发生降解，导致溶剂的表面张力和黏度降低[197,198]，小气泡内的蒸汽压力增大，从而降低超声空化和传质强度，表现为得率下降[101]。因此，确定最佳提取温度为 70℃。

3.2.1.2 提取时间对多糖得率的影响

在多糖的提取过程中,采用传统热水(溶剂)浸提的方法,单次提取往往无法充分获得原料物中所含的大部分多糖类物质,因此需反复提取 3~4 次以提高得率。UAE 可以通过空化气泡、细胞破碎和粒径减小,增强目标化合物与溶剂的接触,显著缩短提取时间和提取次数,降低提取温度[101,199]。

在提取温度 70℃、液料比为 100mL/g 和超声功率 225W 的条件下,提取时间对多糖得率的影响如图 3-2 所示。得率先升高再降低,在 10~25min 内,斜率较高,表明超声有助于得率的提高,且效果显著;在 25min 时,达到最高得率(10.39±0.02mg/g);随着提取时间的进一步延长,多糖产生降解,降低了多糖得率。因此,确定最佳提取时间为 25min。

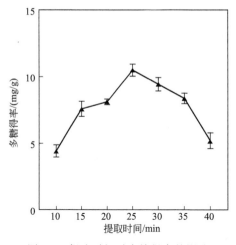

图 3-2 提取时间对多糖得率的影响

3.2.1.3 液料比对多糖得率的影响

液料比是多糖提取过程中一个重要的参数,适当的液料比可以在得到理想得率的前提下,节约提取剂和分离剂的用量。液料比过低,多糖无法充分溶解于提取剂中,导致得率较低;反之,多糖溶解充分而得率高,但消耗的提取剂和分离剂相应都会提高,增加提取成本。因此,对于工业化生产,必须选择适合的液料比。在本研究中,液料比对黑木耳多糖得率的影响如图 3-3 所示。

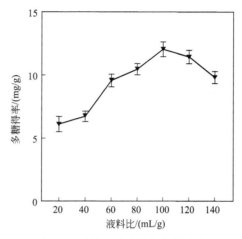

图 3-3 液料比对多糖得率的影响

在提取温度 70℃、提取时间 25min 和超声功率 225W 的条件下，多糖得率随液料比的增加出现先上升后缓慢降低的趋势。当液料比从 20mL/g 增加至 100mL/g 时，多糖的得率显著增加；当液料比为 100mL/g 时，多糖得率可达 12.38 ± 0.02mg/g，这可能是由于较低的密度和黏度所造成的，较高的液料比，有利于多糖在溶剂中的溶解[93]；但随液料比继续增加至 120mL/g 和 140mL/g，黑木耳多糖的得率缓慢下降，说明黑木耳中所含有的多糖已充分释放到提取剂中。因此，确定 100mL/g 为最佳提取液料比。

3.2.1.4 超声功率对多糖得率的影响

超声功率是 UAE 提取中的关键因素，直接影响超声强度，超声功率过低，达不到有效的提取强度；而过高的超声功率，会加速多糖的分解，从而引起多糖得率的下降，甚至引起多糖结构的变化[98,200]。因此，需要通过单因素实验确定最适的超声功率。在本研究中，超声功率对多糖得率的影响如图 3-4 所示。

在提取时间 25min、提取温度 70℃和液料比 100mL/g 的条件下，超声功率从 90W 升高到 225W 时，多糖得率持续升高，并在 225W 的时候，达到最大得率（14.59 ± 0.07mg/g）；随后随超声功率的持续增加，多糖得率显著降低。因此，确定 225W 为最佳的超声功率。

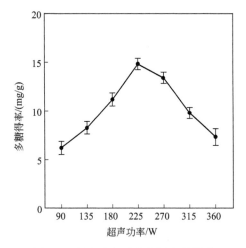

图 3-4　超声功率对多糖得率的影响

3.2.2　响应面法优化黑木耳多糖提取工艺

在单因素实验结果的基础上，利用四因素三水平的 Box-Behnken 实验设计（BBD）优化 UAE 条件。不同提取条件下的 APTT 及 AAP 得率见表 3-1，AAP 得率的范围从 9.04mg/g 至 16.17mg/g。所有数据均通过多元回归分析，应用产量的二阶多项式方程如下：

$$y = 15.52 + 0.40X_1 + 0.36X_2 + 0.40X_3 + 0.18X_4 - 0.87X_1X_2 -$$
$$0.64X_1X_3 - 0.74X_1X_4 - 0.91X_2X_3 - 1.19X_2X_4 -$$
$$1.45X_3X_4 - 2.34X_1^2 - 2.05X_2^2 - 2.33X_3^2 - 2.15X_4^2$$

表 3-1　Box-Behnken 四因素三水平实验设计及结果

序号	编码的变量				AAP 得率/(mg/g)	APTT/s
	X_1	X_2	X_3	X_4		
1	0	0	−1	−1	9.23	60.4**
2	0	0	1	−1	13.02	42.1**
3	1	0	−1	0	11.79	52.0**
4	0	0	0	0	15.39	59.1**
5	−1	−1	0	0	9.59	69.6**
6	0	−1	0	1	12.67	84.8**
7	0	1	0	−1	12.34	32.0**
8	−1	0	−1	0	9.32	57.0**

续表

序号	编码的变量				AAP 得率/(mg/g)	APTT/s
	X_1	X_2	X_3	X_4		
9	0	0	0	0	15.02	52.4**
10	0	0	0	0	16.17	72.4**
11	0	1	0	1	10.69	46.0**
12	1	0	1	0	11.09	64.0**
13	−1	0	1	0	11.19	51.3**
14	1	1	0	0	11.32	66.6**
15	0	−1	0	−1	9.57	42.6**
16	−1	1	0	0	11.97	59.6**
17	0	−1	1	0	11.76	39.7**
18	−1	0	0	−1	9.95	75.1**
19	0	0	1	1	10.34	69.3**
20	0	−1	−1	0	9.04	65.6**
21	0	1	−1	0	11.98	53.7**
22	1	0	0	1	10.26	49.1**
23	0	0	0	0	15.13	59.0**
24	1	0	0	−1	11.57	61.7**
25	0	0	−1	1	12.34	57.9**
26	0	1	1	0	11.07	51.7**
27	0	0	0	0	15.9	54.5**
28	1	−1	0	0	12.41	62.1**
29	−1	0	0	1	11.59	68.3**

注：**表示差异极显著。

　　AAP 得率拟合二次多项式模型的方差分析（ANOVA）如表 3-2 所示。高模型 F 值（40.80）和极低模型 p 值（<0.0001）表明 AAP 得率模式非常显著。同时，F 值（0.71）和 p 值（0.6989）的缺失表明，与纯误差相比，F 值的缺失是不显著的，这证实了模型对任意自变量组合下响应值预测的拟合优度和适用性。

表 3-2　二次多项式回归方程方差分析

来源	平方和	自由度	均方	F 值	p 值
模型组	111.82	14	7.99	40.80	<0.0001**
X_1（提取温度）	1.94	1	1.94	9.93	0.0071**
X_2（提取时间）	1.56	1	1.56	7.98	0.0135*

续表

来源	平方和	自由度	均方	F 值	p 值
X_3(液料比)	1.89	1	1.90	9.68	0.0076 **
X_4(超声功率)	0.41	1	0.41	2.08	0.1713
X_1X_2	3.01	1	3.01	15.38	0.0015 **
X_1X_3	1.65	1	1.65	8.44	0.0115 *
X_1X_4	2.18	1	2.18	11.12	0.0049 **
X_2X_3	3.29	1	3.29	16.83	0.0011 **
X_2X_4	5.64	1	5.64	28.81	<0.0001 **
X_3X_4	8.38	1	8.38	42.81	<0.0001 **
X_1^2	35.59	1	35.59	181.78	<0.0001 **
X_2^2	27.19	1	27.19	138.88	<0.0001 **
X_3^2	35.13	1	35.13	179.46	<0.0001 **
X_4^2	30.05	1	30.05	153.49	<0.0001 **
残差	2.74	14	0.20		
拟合	1.75	10	0.18	0.71	0.6989
纯误差	0.99	4	0.245		
总和	114.56	28			
$R^2=0.9761;CV\%=3.73$					

注：* 表示 $p<0.05$；** 表示 $p<0.01$。

　　预测模型等高线图如图 3-5 所示。图 3-5 显示，本实验中任意两个因素之间的相互作用都是显著的。这些因素对 AAP 得率的影响是一个相加效应[201]，由图 3-5(c)、(e) 和 (f) 可以看出，其他三个因素对超声功率的叠加效应比较明显，在交互作用下，在适当的提取温度、提取时间和液料比条件下，较低的超声功率即可达到较高的多糖得率。模型预测，最佳提取条件为：提取温度 74.12℃，提取时间 27.28min，液料比 102.57mL/g，超声功率 198.79W。对模型预测的最佳提取条件根据实际可操作性进行修正，见表 3-3。由表 3-3 可知，在模型预测的最佳条件下，多糖理论最高得率为 14.79%，而实际测得的多糖得率为 14.07%±0.21%（$n=3$），表明实验测定值与模型预测值互相吻合。因此，本研究中 UAE 模型准确、充分，可以采用上述优化提取工艺制备 AAP。

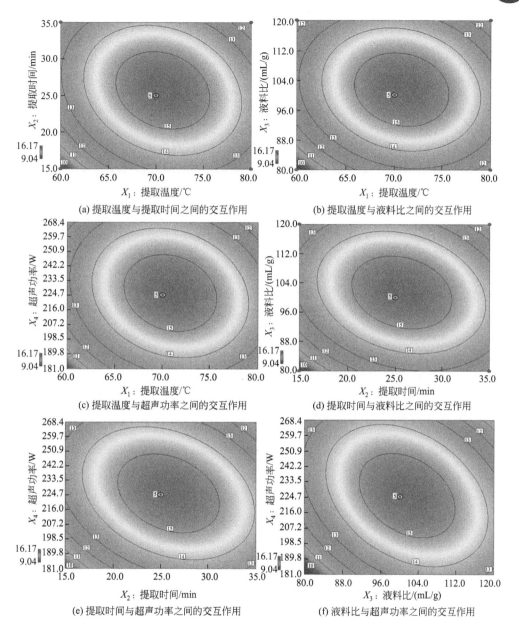

图 3-5　因素交互作用对多糖得率的影响

表 3-3　多糖提取工艺参数模型预测值与实际值

因素	X_1(温度)/℃	X_2(时间)/min	X_3(液料比)/(mL/g)	X_4(超声功率)/W	得率/%
预测值	74.12	27.28	102.57	198.79	14.79
实际值	75	28	100	200	14.07±0.21

对第二个响应值 APTT（s）同样进行了方差分析（见表 3-1），经多次不同次幂的回归拟合，均显示模型的差异不显著（$p < 0.05$），表明各因素的拟合方程不成立。但从各实验组 APTT 平均数与空白对照 APTT（27.8s）做单因素方差分析，实验组与空白对照之间都存在显著差异（$p < 0.01$），即提取的黑木耳多糖都具有显著的抗凝血活性。

黑龙江地区黑木耳在全国不同省份的黑木耳主产区中，其糖类含量最高，且秋季采摘的木耳（秋耳）多糖类物质含量高于其他季节[202,203]，实验中优选黑龙江黑木耳的主产区伊春林区的秋耳作为原料，多糖及蛋白质含量见表 3-4。有研究针对黑木耳分别采用水、HCl（0.1mol/L）和 NaOH（0.1mol/L）进行多糖提取，通过 APTT 体外实验表明，NaOH（0.1mol/L）提取的黑木耳多糖其抗凝血活性最强[60]，并且碱法的多糖提取率会显著高于纯水的提取率[79,80]。通过预备实验及文献，确定采用 0.1mol/L NaOH 进行黑木耳抗凝血多糖的提取，但传统的提取方法需要 100℃左右的较高温度，几个小时的回流提取[202]，且需要多次重复提取，操作烦琐。

表 3-4　黑木耳原料及粗提物主要成分

种类	多糖/%	蛋白质/%	醛酸/%	空白,样品 APTT/s
A. auricula	72.32	10.69	—	—,—
cAAP	82.47	9.16	2.12	27.8,64.2**

注：**表示差异极显著。

超声波的力量可以显著改善黑木耳内碱液对多糖的提取，超声波产生的微流效应提高了溶剂穿透细胞材料的能力，从而改善传质。超声波由需要弹性介质才能传播的机械波组成，在超声波处理过程中，当超声波遇到液体介质时产生纵波，从而产生交替压缩波和稀薄波的区域（见图 3-6）[204]，介质在这些有压力变化的区域会发生空化，形成气泡。这些气泡在稀薄（膨胀）循环中有较大的面积，这增加了气体的扩散，导致气泡膨胀。在压缩周期中达到一个临界点，在此临界点提供的超声能量不足以保持气泡中的气体，因此会快速凝结释放出大量的能量。凝结的分子猛烈地碰撞，产生冲击波，这些冲击波会产生温度和压力极高的区域，最高可达 5500℃和 50Mpa。空化可导致微流，微流可增强传热传质。因此，本研究使用超声辅助碱法提取黑木耳多糖可以增加传质、有更好的溶剂穿透、减少对溶剂使用的依赖、在更低温度下提取、有更快的提取速率和更好的黑木耳多糖得率。本实验在超声功率200W条件下，仅需75℃提取28min，就能够实现黑木耳多糖14%左右的提取率，且有研究表明超声辅助提取可以提高黑木耳糖醛酸的含量[205]。由此，通过此较温和的提取方法，可提高糖醛酸含量较高的酸性黑木耳抗凝血多糖的得率。

利用较高浓度的乙醇沉淀粗多糖溶液，可以提高酸性多糖的得率，也可以降低蛋白质的含量，同时得到具有较高抗凝血活性的多

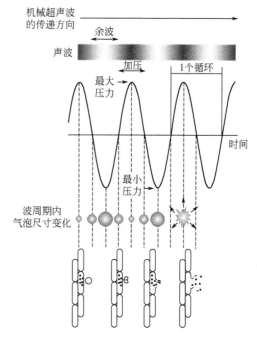

图 3-6 超声的空化-气泡破裂效用[204]

糖[145]。因此本实验中，提取后的黑木耳多糖溶液采用 4 倍体积无水乙醇进行沉淀分离，经 4000r/min 离心 15min，透析袋（MWCO 3500）去离子水透析 48h，旋转蒸发浓缩，最后冷冻干燥后得黑木耳粗多糖提取物（cAAP），备用。粗多糖提取物主要成分和 0.4mg/mL 粗多糖溶液的APTT 见表 3-4，与空白对照比较，cAAP 能够显著延长体外 APTT，表明其具有抑制内源性凝血途径的作用。

3.3 Papain-Sevag联合脱蛋白

Sevag 法是经典的粗多糖脱蛋白方法，操作简单，蛋白脱除率较高且对多糖的生物活性影响较小，但由于多糖的黏度较大，Sevag 试剂与蛋白质接触困难，往往需要剧烈振荡和多次的重复操作，会造成多糖的保留率降低。配合木瓜蛋白酶（papain）的适度降解可以减少脱蛋白次数及试剂的用量，且蛋白脱除率和多糖保留率都较理想。

3.3.1　Sevag 法脱蛋白

3.3.1.1　Sevag 法脱蛋白单因素实验

脱蛋白次数是 Sevag 脱蛋白中的重要条件，本实验中，在多糖与 Sevag 试剂体积比为 3：1、氯仿与正丁醇比为 4：1 的条件下，脱蛋白次数对多糖和蛋白质浓度的影响见图 3-7(a)。脱蛋白次数从 1 次增加到 3 次时，蛋白脱除较快，而多糖保留量也较高，但当继续增加脱蛋白次数的时候，虽然蛋白残留量会继续缓慢降低，但是多糖的保留量降低得也较快，多糖的损失也比较多。因此，确定最佳的脱蛋白次数为 3 次。固定浓度的糖溶液，与不同比例的 Sevag 试剂，在脱蛋白 3 次、氯仿与正丁醇比为 4：1 的条件下［见图 3-7(b)］，当糖溶液与 Sevag 试剂体积比为 3：1 时，多糖的保留量最高，并且脱蛋白效果最好。固定脱蛋白 3 次、糖溶液

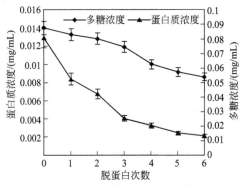

(a) 脱蛋白次数对脱除蛋白效果的影响

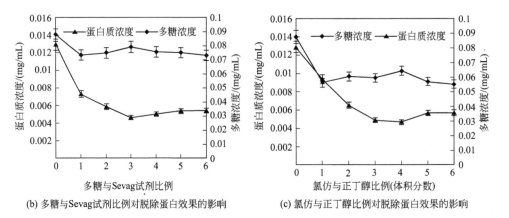

(b) 多糖与Sevag试剂比例对脱除蛋白效果的影响　　(c) 氯仿与正丁醇比例对脱除蛋白效果的影响

图 3-7　Sevag 法脱蛋白单因素实验结果

与 Sevag 试剂比为 3∶1 时，考察 Sevag 试剂中氯仿与正丁醇的比例对脱蛋白效果的影响，结果如图 3-7(c) 所示，在比值为 4∶1 时，多糖保留量最高，且蛋白脱除量也最高。

3.3.1.2 Sevag 法脱蛋白正交试验

根据单因素实验确定各因素的中心点，进行三因素三水平实验设计，设计及结果见表 3-5，通过多糖保留率和蛋白脱除率，根据式(2-4) 计算脱蛋白效果。

表 3-5 Sevag 脱蛋白正交试验设计及综合评分结果

处理号	A （脱蛋白次数）	B（多糖与 Sevag 试剂体积比）	C（氯仿与 正丁醇体积比）	多糖保留率 /%	蛋白脱除率 /%	脱蛋白效果 /%
1	1	1	1	78.08	63.34	85.18
2	1	2	2	82.55	62.27	87.24
3	1	3	3	79.23	64.32	86.46
4	2	1	2	69.26	65.21	80.95
5	2	2	3	66.69	67.44	80.73
6	2	3	1	67.63	66.25	80.59
7	3	1	3	49.68	69.81	71.84
8	3	2	1	52.98	70.22	74.09
9	3	3	2	51.38	72.22	74.31

由 Sevag 脱蛋白正交试验结果的方差分析可知（表 3-6），三个因素对黑木耳多糖脱蛋白的影响，由高到低依次为 A（脱蛋白次数）＞C（氯仿与正丁醇比例）＞B（多糖与 Sevag 试剂比例）。随着脱蛋白次数的增加，多糖损失率上升很快；随着氯仿与正丁醇比例的变化，多糖损失率也在不断变化，在比例为 4∶1 时达到了最低。所以 Sevag 法脱蛋白的最佳工艺为 $A_1B_2C_2$，即脱蛋白 3 次、多糖溶液与 Sevag 试剂的比例为 3∶1、氯仿与正丁醇的比例为 4∶1。

表 3-6 Sevag 法脱蛋白各因素综合评分的均值与方差

处理号	A	B	C
K_{1j}	258.88	237.97	239.84
K_{2j}	242.27	241.28	241.38
K_{3j}	220.24	242.14	230.9
$\overline{K}_{1j}$	86.29	79.32	79.95
$\overline{K}_{2j}$	80.76	80.43	80.46
$\overline{K}_{3j}$	73.41	80.71	76.97
R_j	12.88	1.11	3.49

　　根据正交试验结果的最佳条件进行脱蛋白处理，AAP 粗多糖样品的蛋白质平均脱除率为 63.67%±0.37%，多糖的平均保留率为 80.68%±0.45%。

3.3.2　Papain-Sevag 法脱蛋白

3.3.2.1　Papain-Sevag 法脱蛋白单因素实验

　　选择酶用量、酶解时间和酶解温度三个指标进行单因素实验，各组单因素实验结果见图 3-8。

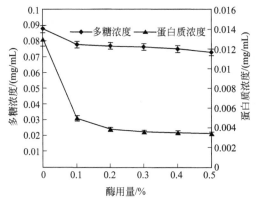

(a) 酶用量对脱除蛋白效果的影响

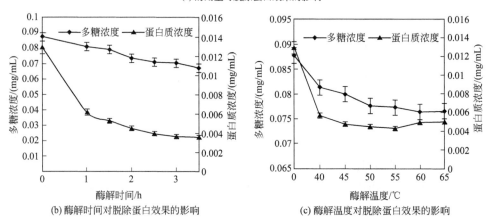

(b) 酶解时间对脱除蛋白效果的影响　　　(c) 酶解温度对脱除蛋白效果的影响

图 3-8　Papain-Sevag 法脱蛋白单因素实验结果

　　由图 3-8(a) 可知，在酶解 2.5h、温度 55℃条件下，随着木瓜蛋白酶用量的增加，蛋白脱除量也在逐渐增加，糖的量变化较小，在酶浓度达到 0.2% 以后，蛋白脱除率趋于平稳，此时，蛋白脱除率为 76.89%，多糖保留率为 72.16%，确定最佳酶用量为 0.2%；由图 3-8（b）可知，在酶用量 0.2% 和酶解温度 55℃条件下，随着酶解时间的延长，蛋白脱除率也在明显增加，在酶解了 2.5h 后，蛋白脱除率变化不显著，但多糖的损失量不断升高，因此确定最佳酶解时间为 2.5h；由图 3-8（c）可以看出，在酶用量 0.2% 和酶解时间 2.5h 条件下，蛋白脱除率随酶解温度的升高，先升高后下降，在 55℃时酶辅助脱蛋白活性最强，蛋白脱除率达 70.21%，多糖保留率为 74.36%，确定正交试验最佳酶解温度为 55℃。

3.3.2.2　Papain-Sevag 法脱蛋白正交试验

根据式（2-2）、式（2-3）和式（2-4）计算黑木耳粗多糖采用 Papain-Sevag 法进行脱蛋白处理的蛋白脱除率、多糖保留率和综合评分结果见表 3-7，可知实验组 5 其最终的蛋白脱除率和多糖保留率均为最高值，并且最终的蛋白脱除效果最好。

表 3-7　Papain-Sevag 法脱蛋白正交试验设计及综合评分结果

处理号	D（酶用量）/%	E（酶解时间）/h	F（酶解温度）/℃	多糖保留率/%	蛋白脱除率/%	脱蛋白效果/%
1	1	1	1	78.32	62.17	70.25
2	1	2	2	78.46	57.50	67.98
3	1	3	3	77.54	61.92	69.73
4	2	1	3	79.66	64.17	71.92
5	2	2	2	87.62	68.50	78.06
6	2	3	1	86.42	66.83	76.48
7	3	1	3	76.41	61.92	69.17
8	3	2	1	85.53	65.83	75.68
9	3	3	2	73.98	61.50	69.74

对综合评分进行方差分析，结果见表 3-8。三个因素对综合评分的影响程度，由高到低依次为 D（酶浓度）>F（酶解温度）>E（酶解时间）。随着酶用量的增加，其与蛋白质的触碰概率也增加，蛋白脱除效果逐渐明显，适当的提高反应温度可以增加酶促反应的速度，适当延长酶解时间可以强化酶促反应的效果[206]。Papain-Sevag 法处理的最优工艺条件为 $D_2E_2F_2$，即酶用量 0.2%、酶解温度 55℃、酶解时间 2.5h。

表 3-8 Papain-Sevag 法脱蛋白各因素综合评分的均值与方差

处理号	D	E	F
K_{1j}	207.96	211.32	222.39
K_{2j}	226.44	221.73	207.63
K_{3j}	212.58	213.96	216.96
$\overline{K}_{1j}$	69.32	70.44	74.13
$\overline{K}_{2j}$	75.48	73.91	69.21
$\overline{K}_{3j}$	70.86	71.32	72.32
R_j	6.17	3.47	4.92

根据木瓜蛋白酶的最佳酶解条件结合 Sevag 法的最优脱蛋白处理方式，对黑木耳多糖采用 Papain-Sevag 法进行脱蛋白。在酶用量 0.2%、酶解时间 2.5h 和酶解温度 55℃条件下降解粗多糖溶液，取处理后的多糖溶液 18mL，分成三份，按体积比 3:1 的比例加入 Sevag 试剂于梨形分离瓶中，其中 Sevag 试剂中氯仿与正丁醇体积比为 4:1。振摇 15min，溶液出现乳白色的浑浊液后在离心机中以 4000r/min 高速离心 5min，去除底部的沉淀和有机溶剂，取上清液继续按比例加入 Sevag 试剂，脱蛋白操作重复 3 次，结果测得蛋白脱除率平均值为 81.43%±0.51%，多糖保留率平均值为 80.23%±0.27%。

Sevag 法对多糖溶液进行脱蛋白处理时，利用的是氯仿和正丁醇混合溶液来处理多糖的粗提液，其中有机溶剂氯仿与蛋白质生成了不溶于水的凝胶，而从溶液中分离出来，但在操作过程中需要剧烈振摇，使蛋白质与氯仿充分接触，过程中产生的泡沫，用正丁醇还原消除泡沫，多糖留在上层清液中，蛋白质被分离在中间层。氯仿亦可作为判断蛋白质存在的一种非常灵敏的指示剂，当分离的氯仿为清液，不显示皮肤样沉淀（skin-like gel）时，表明蛋白质已经脱除干净，此法相对比较柔和，且可通过肉眼观察判断蛋白质的脱除情况。多糖粗提液中的蛋白质可能以单纯蛋白质和蛋白聚糖两种形式存在，因此在脱蛋白处理时，往往要经过十几次的反复处理[137]，才能达到较好的脱蛋白效果。随着提取次数的增加，虽然蛋白脱除量会增加，但多糖的保留量也会降低。利用木瓜蛋白酶辅助降解蛋白质后，尤其是对蛋白聚糖的降解[206]，再进行 Sevag 法脱蛋白处理，可以显著减少脱蛋白次数、简便操作并降低多糖的损失。

3.3.3　脱蛋白处理对黑木耳多糖抗凝血活性的影响

按照 3.3.2 最终优化的脱蛋白方法对黑木耳多糖进行脱蛋白处理，脱蛋白以后的多糖溶液，用透析袋（MWCO 3500）透析 48h，冷冻干燥后，所得组分即为脱蛋白 cAAP（dp-cAAP）。dp-cAAP 为淡黄色絮状无定形物质（见图 3-9），无味，易溶于水，不溶于乙醇。再按照 2.2.2.7 的方法，检测不同浓度 cAAP 及 dp-cAAP 的抗凝血活性，考察脱蛋白处理对 cAAP 抗凝血活性的影响；用苯酚-硫酸法测定多糖含量（标准曲线 $y = 0.072x + 0.00005$，$R^2 = 0.998$，图见附录）；用考马斯亮蓝法测定蛋白质含量（标准曲线 $y = 0.235x + 0.001$，$R^2 = 0.998$，图见附录）；用间羟基联苯法测定糖醛酸含量（标准曲线 $y = 0.01548x + 0.0056$，$R^2 = 0.999$，图见附录），脱蛋白处理前后的主要成分及 APTT 见表 3-9。

图 3-9　冷冻干燥后的 dp-cAAP 样品

表 3-9　脱蛋白处理对黑木耳多糖粗提物抗凝血活性的影响

种类	多糖/%	蛋白质/%	醛酸/%	APTT/s			
				空白	200μg/mL	100μg/mL	50μg/mL
cAAP	82.47	9.16	2.12	28.4±0.2	58.2±0.4**	41.3±0.5**	30.2±0.6**
dp-cAAP	86.23	3.27	2.47	28.4±0.2	60.2±0.6**##	44.5±0.3**##	32.9±0.2**##

注：**表示与空白组比较，差异极显著 $p < 0.01$；##表示与同浓度 cAAP 组比较，差异极显著 $p < 0.01$。

cAAP 和 dp-cAAP 在 $50 \sim 200\mu g/mL$ 浓度范围内，均能够显著延长

APTT，表明二者都具有体外抑制内源性凝血途径的作用。dp-cAAP 与同浓度的 cAAP 比较，APTT 显著延长，可能的原因是多糖组分中蛋白质含量降低，多糖含量升高[71,145]，从而使多糖组分的抗凝血活性得到提高。并且 APTT 与 dp-cAAP 浓度有剂量依赖性，表明多糖的抗凝血活性随其浓度的升高而增加。

3.4 黑木耳抗凝血多糖的分离纯化

为分析抗凝血多糖结构和功能的关系，实验中首先采用季铵盐沉淀法沉淀黑木耳酸性多糖，再利用色谱的方法进行黑木耳抗凝血多糖的分级和纯化，制备不同的黑木耳抗凝血均一多糖组分，并采用体外 APTT、PT、TT 和 FIB 综合比较不同组分的抗凝血活性。

3.4.1 黑木耳酸性多糖的 CTAB 沉淀

从天然产物中提取的抗凝血活性多糖，除类肝素类物质含有大量的硫酸酯以外，其他非肝素类抗凝血多糖一般也都有较高含量的酸性结构[52,75,119,143]，但酸性结构主要来源于醛酸而不是硫酸根，类似类肝素多糖的戊糖活性中心，非肝素类多糖的醛酸结构可以提供大量的负电荷，而促进带有大量正电荷的抗凝血酶与凝血酶特异性结合[15,145]，从而大大提高抗凝血酶的活性而起到抗凝血的作用。因此，有目的地分离黑木耳酸性多糖是分离黑木耳抗凝血多糖的一种有效方法。

十六烷基三甲基溴化铵盐（CTAB）是一种季铵盐，早期用于从牛气管中分离硫酸软骨素盐。可作为酸性（非硫酸盐）多糖和硫酸盐多糖的沉淀剂，因为它能生成与这些多糖不溶于水的季铵盐，而中性多糖不可被这种试剂沉淀。CTAB 作为硫酸多糖沉淀剂的效率，并不严重依赖于多糖的分子量大小，因为一些单糖硫酸盐，如异丙基-D-呋喃葡萄糖-3-硫酸盐也可被沉淀。但对于酸性（非硫酸盐）多糖，分子量很重要，因为简单的糖醛酸衍生物（如 D-葡萄糖酸钠），则不能生成水溶性十六烷基三甲基铵盐。利用 CTAB 可以方便实现酸性多糖盐的相互转化[207]，从而实现酸性多糖从原溶液中分离出来的目的[119~121]。

本研究中首先利用 CTAB 从 dp-cAAP 溶液中分离黑木耳酸性多糖（aAAP Ⅰ）。按 2.2.5.1 中的方法操作，并将 dp-cAAP 与 CTAB 的混合溶液于 −4℃ 静置过夜，可见白色絮凝，再采用高速离心的方法分离，再经复溶、醇沉、洗涤、透析和冻干，aAAP Ⅰ 组分的得率为 62.17%。

3.4.2　黑木耳酸性多糖的 DEAE 离子交换色谱分级

为制备具有抗凝血活性的黑木耳多糖均一组分，使用碱性的 DEAE Sepharose Fast Flow 离子交换柱对 aAAP Ⅰ 进行极性分离。DEAE Sepharose Fast Flow 以二乙氨基乙基纤维素 $[—O—CH_2CH_2—N^+(C_2H_5)_2H]$ 交联 6% 的琼脂糖凝胶为离子交换剂，琼脂糖凝胶可以增加纤维素的物理稳定性，与酸性基团产生更高的结合力，并具有良好的流动性和低背压。本研究以去离子水和 0.2mol/L、0.5mol/L 和 2.0mol/L 的 NaCl 溶液进行梯度洗脱，对各管洗脱液采用微量苯酚-硫酸法（方法见 2.2.2.1）检测多糖含量，洗脱曲线见图 3-10。

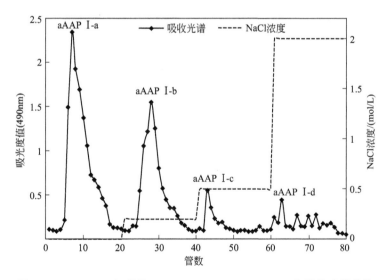

图 3-10　dp-cAAP 组分的 DEAE Sepharose Fast Flow 色谱柱洗脱曲线

得到三个主要组分，分别命名为 aAAP Ⅰ-a、aAAP Ⅰ-b 和 aAAP Ⅰ-c，及一个混合的组分命名为 aAAP Ⅰ-d，回收率分别为 10.34%、25.85%、5.52% 和 0.52%。

3.5　黑木耳多糖组分的体外抗凝血活性分析

在机体内凝血是在血小板磷脂表面，由组织因子（TF）启动一系列凝血因子参与的具有级联放大效应的过程，参与凝血反应过程的凝血因子多为蛋白酶类，此类蛋白酶一旦由无活性的酶转变成活性形式以后，会相互促进活性的增加。最终由因子Ⅱa（凝血酶）催化纤维蛋白原转化成纤维蛋白而产生凝固[208]。活化部分凝血活酶时间（APTT）、凝血酶原时间（PT）、凝血酶时间（TT）和纤维蛋白原含量（FIB）四项指标是医学上判断凝血相关疾病的临床诊断指标，也常用于抗凝血活性成分的体外活性检测。在本研究中也采用了这四项指标来追踪黑木耳多糖不同组分的体外抗凝血活性，从而筛选出活性强的黑木耳抗凝血多糖用于进一步的结构分析和体内抗血栓实验研究。

在黑木耳多糖组分的体外抗凝血活性检测中，以正常人血浆为实验原料，我们将多糖配制成不同的浓度与血浆以1∶4（体积分数）比例混合进行实验，孵育3min后，利用全自动凝血检测仪检测。

3.5.1　FIB分析

血浆中的FIB检测，是利用血浆中的纤维蛋白原在过量凝血酶的作用下，由可溶性的纤维蛋白原转变成不溶性的纤维蛋白，从而形成凝块。添加试剂以后，血浆的凝固时间越长表示血浆中的纤维蛋白原含量越低。在凝血四项实验结果中，FIB一项反映的是实验用正常人血浆纤维蛋白原的含量，从表3-10中的数据可以看出，在整个实验过程中，纤维蛋白原含量基本一致，因此各组之间凝血时间的差异主要是由凝血过程中凝血因子的活性差异所引起，即不同待检测样本对血浆凝血因子活性的影响。

表3-10　黑木耳多糖组分的凝血四项结果

样本	浓度/(μg/mL)	FIB/(mg/mL)	凝血时间/s		
			APTT	PT	TT
空白①	生理盐水	2.1±0.1②	28.0±0.2	11.3±0.1	17.7±0.1
肝素③	2.5IU/mL	2.1±0.1	30.3±0.1**	13.6±0.5**	21.4±0.1**

续表

样本	浓度/(μg/mL)	FIB/(mg/mL)	凝血时间/s		
			APTT	PT	TT
	25IU/mL	2.1±0.3	>200	>200	>200
dp-cAAP	12.5	2.1±0.2	28.9±0.1**	11.8±0.1	18.0±0.1*
	25	2.1±0.8	31.3±0.3**	11.7±0.1	22.3±0.3**
	50	2.1±0.1	31.9±0.2**	11.0±0.2	25.3±0.3**
aAAP I-a	12.5	2.1±0.5	28.3±0.1	11.4±0.2	16.5±0.2
	25	2.1±0.4	28.4±0.1	11.6±0.1	16.3±0.1
	50	2.1±0.1	28.4±0.3	11.5±0.2	16.6±0.1
	500	2.1±0.6	28.4±0.1	11.4±0.3	16.7±0.3
	1000	2.1±0.2	28.5±0.3	11.5±0.2	16.4±0.3
aAAP I-b	12.5	2.1±0.3	36.0±0.1**	11.4±0.2	33.7±0.2**
	25	2.1±0.1	48.4±0.3**	12.6±0.2**	42.4±0.2**
	50	2.1±0.4	64.5±0.4**	13.7±0.3**	62.7±0.3**
aAAP I-c	12.5	2.1±0.3	26.2±0.1	16.2±0.1**	20.3±0.1**
	25	2.1±0.1	27.5±0.1	26.6±0.2**	21.8±0.2**
	50	2.1±0.2	47.3±1.0**	63.6±0.3**	28.3±0.3**

① 空白对照为生理盐水。

② 凝血时间计算方式为平均值±标准差（$n=3$）。

③ 肝素（12500IU/2mL）。

注：* 表示差异显著；** 表示差异极显著。

3.5.2　APTT 分析

APTT 反映内源性凝血途径中的凝血因子（因子Ⅻ、Ⅺ、Ⅸ、Ⅷ、Ⅹ、Ⅴ、Ⅱ和Ⅰ）活性。从因子Ⅻ的激活到纤维蛋白的生成，过程中任何一个因子量的减少或活性的降低均可引起 APTT 延长。

如表 3-10 和图 3-11(a) 所示，在 APTT 实验中，以生理盐水作为空白对照，肝素（2.5IU/mL）、dp-cAAP 高中低三个剂量组、aAAP I-b 高中低三个剂量组和 aAAP I-c 高剂量组均表现出极显著地延长凝血时间作用，表明这些组分具有抑制内源性凝血途径的抗凝血活性。其中，aAAP I-b 活性最强，并表现出明显的剂量依赖性；而 aAAP I-c 需要在较高剂量（50μg/mL）时才能表现出活性；粗多糖组即 dp-cAAP，包含实验中其他三种组分，在此实验中，各剂量组凝血时间活性变化不大，且表现出与 2.5IU/mL 肝素相似的凝血时间。

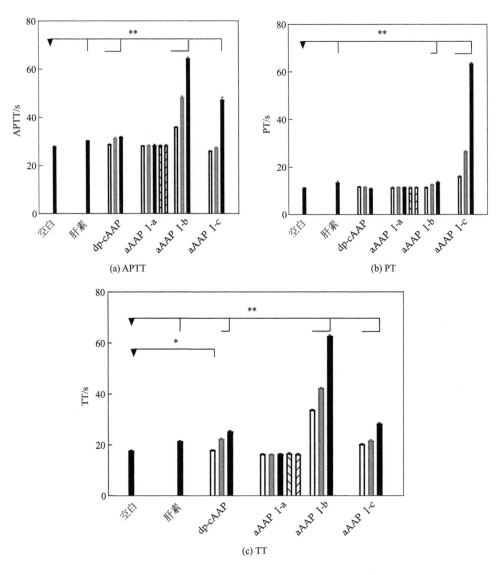

图 3-11　AAP 对体外凝血时间的影响

* 表示差异显著（0.01<p<0.05）；** 表示差异极显著（p<0.01）

样品浓度：低表示 12.5μg/mL；中表示 25μg/mL；高表示 50μg/mL；

高-500 表示 500μg/mL；高-1000 表示 1000μg/mL

3.5.3　PT 分析

PT 评估外源性凝血途径中凝血因子（因子Ⅶ、Ⅹ、Ⅴ、Ⅱ和Ⅰ）的活性。如表 3-10 和图 3-11(b) 所示，在 PT 实验中，以生理盐水作为空白对照，肝素（2.5IU/mL）、aAAP Ⅰ-b 高中剂量组和 aAAP Ⅰ-c 高中低三个剂量组均表现出极显著地延长凝血时间作用，表明上述组分具有抑制外源性凝血途径的抗凝血活性。其中，aAAP Ⅰ-b 需要较高剂量（50μg/mL）才能表现出活性，但抑制外源性凝血途径的活性很强，表明对因子Ⅶ、Ⅹ、Ⅴ、Ⅱ和Ⅰ中的一种或某几种有较强的抑制作用；aAAP Ⅰ-c 在较低剂量时就具有类似活性，且有明显的剂量依赖性，此组在本实验中的抗凝血活性与 2.5IU/mL 肝素相当。

3.5.4　TT 分析

TT 延长提示纤维蛋白原减少或质的异常，血浆中有肝素或类肝素类物质存在，以及 FDP（血纤蛋白）和抗凝血酶（AT-Ⅲ）活性的增高，均可引起 TT 的延长。当待测血浆中抗凝物质增多时，凝血酶时间也会相应延长。AT-Ⅲ与肝素的结合是体内最重要的抗凝血方式，肝素本身不具有抗凝血活性，其有强烈的负电荷，形成的空间位置可以提供给抗凝血酶，尤其是 AT-Ⅲ与凝血酶（因子Ⅱ）结合，从而提高 AT-Ⅲ对凝血酶的抑制速率（2000 倍以上），最终实现抑制血液凝固。因此，临床上 TT 的延长常见于肝素增多或类肝素类抗凝物质的存在[3,15]。如表 3-10 和图 3-11(c) 所示，在 TT 实验中，除了 aAAP Ⅰ-a 以外，其他所有组分均能够显著延长凝血酶催化纤维蛋白原转化成纤维蛋白的时间，表明 dp-cAAP、aAAP Ⅰ-b 和 aAAP Ⅰ-c 可能通过类似于肝素一样的增强 AT-Ⅲ活性的途径，来抑制凝血酶活性，从而延长 TT。aAAP Ⅰ-b 高中低剂量组的抗凝血活性较高，aAAP Ⅰ-b 的最低剂量（12.5μg/mL）组也较 dp-cAAP 和 aAAP Ⅰ-c 的高剂量（50μg/mL）组活性高。

aAAP Ⅰ-a 在 APTT、PT 和 TT 实验中（表 3-10 和图 3-11），高中低三个剂量组均未表现出凝血时间的延长，因此增大 aAAP Ⅰ-a 的实验剂量，但即使剂量达到 1000μg/mL，三项凝血时间也均未表现出显著延长，认为 aAAP Ⅰ-a 不具有体外抗凝血活性。

综上，aAAPⅠ-b 可以抑制因子Ⅻ、Ⅺ、Ⅸ、Ⅹ、Ⅷ、Ⅶ、Ⅴ、Ⅱ和Ⅰ中某些因子的活性，即可以通过抑制内源性、外源性和共同凝血途径，来抑制体外凝血的发生，并且抑制内源性凝血途径活性极强；aAAPⅠ-b 同时具有较高延长 TT 的作用，表明其亦可能通过提高 AT-Ⅲ 活性的方式来实现抗凝血作用，具有较全面的抗凝血活性。考虑活性和分离纯化的得率等，将对 aAAPⅠ-b 进行进一步的分级纯化，对体外抗凝血活性较高的组分，再通过体内实验，进一步研究其体内抗凝血及抗血栓的途径。

3.6 黑木耳抗凝血多糖aAAP Ⅰ-b的纯化

利用高效凝胶渗透色谱法（HPGPC）考察 aAAPⅠ-b 的均一性并测定分子量，aAAPⅠ-b 的洗脱曲线见图 3-12。由图可知，aAAPⅠ-b 为非均一多糖组分，含有两个主要组分，分别命名为 aAAPⅠ-b1 和 aAAPⅠ-b2，两个组分的分子量及体外 APTT 见表 3-11。

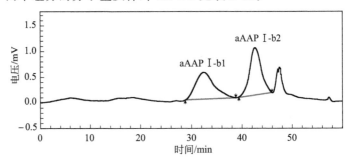

图 3-12　aAAPⅠ-b 组分的 HPGPC 洗脱曲线

表 3-11　aAAPⅠ-b 组分的分子量及体外 APTT

样本	保留时间/min	M_p	M_w	M_n	M_w/M_n	空白,样本 APTT/s
aAAPⅠ-b1	32.384	604592	908901	478161	1.900	27.8±0.3,28.2±0.1
aAAPⅠ-b2	42.587	9586	10519	8627	1.219	27.8±0.3,66.2±0.1**

注：** 表示差异极显著。

标准葡聚糖在 HPGPC 中的标准曲线见附录（图 4、图 5 和图 6），分子量的峰位、重均和数均标准曲线校正方程分别为：$\lg M_p - RTy = -0.1764x + 11.494(R^2 = 0.9944)$；$\lg M_w - RTy = -0.1898x + 12.105$ $(R^2 = 0.9919)$；$\lg M_n - RTy = -0.1709x + 11.214 (R^2 = 0.9935)$。

aAAPⅠ-b1 和 aAAPⅠ-b2 在 HPGPC 中的保留时间分别为 38.92min 和 46.98min，分子量计算结果见表 3-11。

通过体外 APTT 跟踪两种多糖组分的体外抗凝血活性（见表 3-11），aAAPⅠ-b2 具有显著延长 APTT 的作用，而 aAAPⅠ-b1 没有此作用，且 aAAPⅠ-b2 比 aAAPⅠ-b1 的 M_w/M_n 更接近 1，表明 aAAPⅠ-b2 的均一性更好一些，因此选择 aAAPⅠ-b2 做进一步的纯化。

对 aAAPⅠ-b2，采用 Superdex-200 葡聚糖-琼脂糖交联凝胶色谱进一步纯化（方法见 2.2.5.4），由图 3-13 可知通过进一步纯化，最终收集曲线主峰为一个单峰。收集 2～5 管洗脱液，收集组分透析、冻干后备用，最终 aAAPⅠ-b2 的回收率为 7.6%。

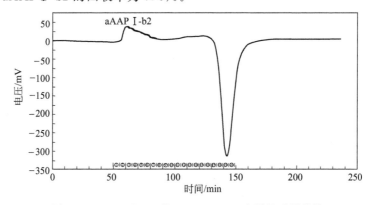

图 3-13　aAAPⅠ-b2 的 Superdex-200 色谱柱洗脱曲线

①～⑳为管数

3.7　本章小结

本章对黑木耳多糖的提取工艺条件进行了 Box-Behnken 响应面优化，确定最佳提取参数，并采用正交试验方法研究了 Papain-Sevag 法进行脱蛋白处理的具体条件，对制备的粗多糖采用 CTAB 配合 DEAE Sepharose Fast Flow 离子交换色谱和 Superdex-200 凝胶色谱的方法进行分离纯化。

① 在单因素实验的基础上，对黑木耳多糖的超声辅助碱液（0.01mol/L NaOH）提取工艺参数进行响应面优化，确定最佳多糖提取条件为：提取温度 70℃、提取时间 25min、液料比 100mL/g、超声功率 225W，多糖得

率为（14.07±0.21）mg/g。

② 基于体外 APTT 实验的检测，表明上述方式提取的各多糖组分均具有抗凝血活性。

③ 在单因素实验的基础上，通过正交试验确定 Papain-Sevag 法脱蛋白的最佳条件。粗多糖溶液在酶解温度 55℃、酶解时间 2.5h 和酶用量 0.2％的条件下进行木瓜蛋白酶的辅助降解。在梨形分离瓶中，酶解液与 Sevag 试剂按照体积比 3∶1 混合，试剂中氯仿和正丁醇体积比为 4∶1，上下振摇约 15min，将此脱蛋白操作重复 3 次，最终测得蛋白脱除率为 81.43％，多糖保留率为 80.23％。dp-cAAP 糖类含量 86.23％、蛋白质 3.27％、醛酸 2.47％，且 APTT 较 cAAP 有显著延长。

④ 采用 CTAB 配合 DEAE Sepharose Fast Flow 离子交换色谱分离纯化出四种黑木耳抗凝血多糖组分，分别命名为 aAAP Ⅰ-a、aAAP Ⅰ-b、aAAP Ⅰ-c 和 aAAP Ⅰ-d，回收率分别为 10.34％、25.85％、5.52％ 和 0.52％。

⑤ 通过体外 APTT、PT、TT 和 FIB 实验，评估了 aAAP Ⅰ-a、aAAP Ⅰ-b 和 aAAP Ⅰ-c 的体外抗凝血活性，其中 aAAP Ⅰ-b 表现出最高的综合体外抗凝血活性。

⑥ aAAP Ⅰ-b 可通过 HPGPC 鉴定纯度并检测分子量，通过抗凝血活性跟踪，最终对 aAAP Ⅰ-b2 组分利用 Superdex-200 色谱柱进行纯化，得均一组分。

综上所述，碱液替代水可以目的性地提取酸性多糖，采用超声辅助提取可以缩短提取时间并减少提取次数。超声辅助碱溶醇沉提取的黑木耳多糖均具有体外抗凝血活性，Papain-Sevag 法可以有效去除粗多糖中的蛋白质，同时有较好的多糖保留效果，提高抗凝血活性。CTAB 沉淀分离的黑木耳酸性多糖，经 DEAE 柱 0.2mol/L 的 NaCl 洗脱，再通过 HPGPC 和 Superdex-200 色谱柱纯化，得到的 aAAP Ⅰ-b2 组分抗凝血活性最强，对其进行结构解析及体内抗凝血和抗血栓实验。

第 4 章 ▸▸

黑木耳抗凝血多糖 aAAP I-b2的结构表征

4.1 概述

　　近年来，不同动植物来源的多糖因其具有抗凝血活性而备受国内外学者关注。1935 年，最早在临床上使用的抗凝血类药物肝素，就是由糖醛酸和氨基己糖及其衍生物所组成的一种糖胺聚糖，是一种酸性糖胺聚糖，其中含有很高的硫酸基和羧基。目前在临床上使用比较多的是经过物理、化学或者酶法降解的低分子量肝素（LMWH），分子量为 4000~6000。肝素最早在哺乳动物的肝脏中被发现而得名，可以从猪、牛和羊的小肠黏膜和牛肺等组织中提取。但自 1995 年疯牛病出现以后，从动物源提取和制备的肝素类物质的副作用引起了人们的重视，研究者们开始寻求新的抗凝血多糖来源。发现普遍的海洋动物和藻类以及陆生植物，尤其是一些菌类中也含有丰富的抗凝血活性多糖，已经涉及的研究包括扇贝、龙虾、鲟鱼、金枪鱼、海参、罗布麻花、宁夏枸杞叶子和灵芝等菌类。多糖的生理活性主要取决于多糖的一级结构，包括多糖中的单糖组成、单糖的排列顺序和方式以及单糖的构型等。目前的研究认为，具有抗凝血功能的多糖普遍具有大量的硫酸根或碳酸根等与不同单糖形成的醛酸结构，这使得多糖分子聚集了大量的负电荷，增加了其抗凝血活性的可能。黑木耳多糖具有醛酸结构，以及其体外的抗凝血活性也有所报道，有目的性的分离纯化具有抗凝血活性的黑木耳酸性多糖，是本项研究的基础，也是进一步研究其结构的前提，详细的抗凝血活性多糖的结构解析值得更深入的研究。

　　本章对黑木耳多糖组分中体外抗凝血活性最高的组分 aAAPⅠ-b2，进行了基本的结构分析，包括单糖组成、分子量、红外图谱、原子力图谱和刚果红染色分析等，并采用 β-消去反应、部分酸水解、Simith 降解、甲基化和核磁共振等对 aAAPⅠ-b2 结构做进一步解析，以期为后续天然黑木耳多糖抗凝血功能的开发利用提供更多基础资料。

4.2 aAAP I-b2的形貌特征

　　研究表明，在溶液环境下，影响多糖分子构象的参量，如伸直长度、构象保持长度及末端距等均会随溶液温度、离子强度的变化而发生改变[209]，因此天然来源的多糖类物质在提取、分离以及纯化等各个环节的操作，都可能影响或改变多糖的空间结构，而多糖的构象又直接影响着其功能活性。因此，需要在研究的过程中明确多糖的基本空间构象。多糖分子中存在大量的羟基，使整个多糖分子在空间可能发生聚集和自我缠绕等现象，因此同种原料物提取的多糖，条件不同，最终的分子形态可能表现出较大的差异。在目前的研究中，多糖可能形态包括片状、网状、球状和棒状等，黑木耳多糖的空间形貌有球形结块[210]和虫状链[211]等。本研究通过原子力显微镜（AFM）观察了不同黑木耳多糖组分的纳米级形貌特点，并采用刚果红实验检测其三股螺旋结构。

4.2.1　aAAP I-b2 的原子力显微镜分析

　　20 世纪 90 年代，研究者们开始利用 AFM 来研究多糖的结构，认为多糖的结构应该是 AFM 非常值得研究的课题。大多数多糖具有不规则的化学结构，或被不规则放置的取代基或插入物打断的规则化学结构，因此很难用传统的生物物理方法（如 X 衍射）来表征，规则或者不规则的三维结构，尤其是对于部分结晶纤维，其螺旋结构及其填充可以用原子分辨率来定义。AFM 在扫描之前，无须金属涂层制作样本，分辨率高，并且通过 AFM 可以实现对生物大分子在水溶液状态下的可视化研究，目前被广泛用于多糖等生物大分子结构的不规则性、分支或块状结构的研究[212]。

　　本实验使用 BRUKER 的 Nano Scope V 型原子力显微镜的轻敲模式对多糖水溶液（12.5μg/mL）进行表征。轻敲模式是通过使用在一定共振频率下振动的探针针头对样品表面进行敲击而生成样品的形貌图像，精度高，对物料表面损伤小，适合于分析柔性大、具有黏性的样品。aAAP I-b2 的 AFM 扫描结果见图 4-1。

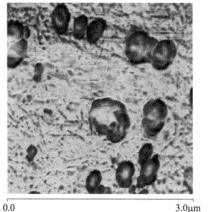
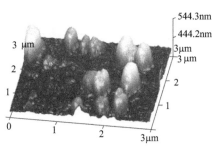

(a) aAAPⅠ-b2的AFM扫描2D和3D图(3μm×3μm)

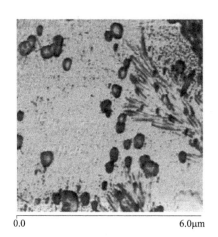
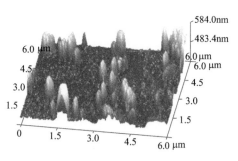

(b) aAAPⅠ-b2的AFM扫描2D和3D图(6μm×6μm)

图 4-1　aAAPⅠ-b2 的 AFM 扫描结果

　　aAAPⅠ-b2 是 dp-cAAP 通过 CTAB 沉淀、经 DEAE 柱 0.2mol/L NaCl 洗脱，再经 Superdex-200 纯化得到的黑木耳抗凝血多糖组分。由图 4-1可见，aAAPⅠ-b2 微观结构以球状和柱状丛为主，球形颗粒的直径为 0.15～0.25μm，垂直高度 8.0～40.0nm，远高于单链多糖（约 0.1～1.0nm)[210]；图中可见有一部分球形结构下方有柱形的丛状聚集体，柱形结构截面直径 90.0～180.0nm、长度 0.9～1.3μm，由此表明其是由单链的相互聚集形成的结构。aAAPⅠ-b2 单糖组成中含有较多量的醛酸，因此极性较高，极性可能表现在分子内的聚集上从而使其呈球形；另外多糖分子与载玻片之间的斥力，也可能是多糖分子聚集的原因。

4.2.2 aAAP I-b2 的刚果红实验分析

多糖在水溶液中呈现不同的构象，主要是由多糖分子内部基团相互作用，以及与溶剂之间的结合作用来决定的。研究表明[213]，许多具有三股螺旋结构的多糖与刚果红（congo red）可形成络合物，主要是与单股螺旋部分结合，络合物的最大吸收波长较刚果红的会发生红移，在一定 NaOH 浓度范围内，表现为最大吸收波长的特征吸收为紫红色，NaOH 浓度继续增大时，多糖螺旋结构解体，变成无规则的线团形式，最大吸收波长会突然下降。多糖与刚果红的特征实验现象可以用来判断多糖在溶液中是否具有三股螺旋结构。如含有 β-$(1\rightarrow3)$ 葡聚糖结构的云芝多糖、香菇多糖、裂褶菌多糖[214]等，都有此实验现象。

在 NaOH 终浓度 0～0.5mol/L 范围内，aAAP I-b2 与刚果红溶液的混合物最大吸收波长的变化如图 4-2 所示。从图中可以看出，随着 NaOH 浓度的增加，刚果红对照组的最大吸收波长有所降低；而刚果红与 aAAP I-b2 组的最大吸收波长，虽然有所上升，但仅在 2～3nm 左右，且最终最大吸收波长几乎保持不变，不足以表明 aAAP I-b2 具有三股螺旋结构[215]。结合 AFM 的检测结果，aAAP I-b2 为单链结构。

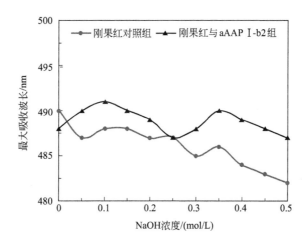

图 4-2　aAAP I-b2 的刚果红实验结果

4.3 aAAP Ⅰ-b2分子量及单糖组成

4.3.1 aAAP Ⅰ-b2 的纯度及分子量

aAAP Ⅰ-b2 在 HPGPC 中的色谱图见图 4-3，根据曲线判断，峰形对称无杂峰，相对纯度较高，aAAP Ⅰ-b2 为均一多糖组分。

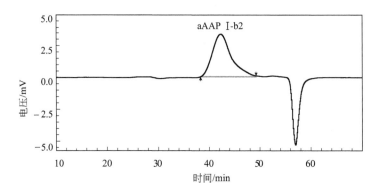

图 4-3　aAAP Ⅰ-b2 在 HPGPC 中的色谱图

标准葡聚糖在 HPGPC 中的标准曲线见附录（图 4、图 5 和图 6），分子量的峰位、重均和数均标准曲线校正方程分别为：$\lg M_\mathrm{p}-\mathrm{RT}y=-0.1764x+11.494(R^2=0.9944)$；$\lg M_\mathrm{w}-\mathrm{RT}y=-0.1898x+12.105(R^2=0.9919)$；$\lg M_\mathrm{n}-\mathrm{RT}y=-0.1709x+11.214(R^2=0.9935)$。aAAP Ⅰ-b2 保留时间为 42.28min，经计算其分子量 M_w 约为 12022，M_n 约为 9772，$M_\mathrm{w}/M_\mathrm{n}$ 值为 1.230 较接近 1，表明其分子量分布较均一，纯度较高。

4.3.2 aAAP Ⅰ-b2 的化学组成及单糖组成分析

4.3.2.1 aAAP Ⅰ-b2 的化学组成分析

按照 2.2.2.1、2.2.3.1 和 2.2.3.4 中的方法测定各个多糖组分中多糖、蛋白质和醛酸的含量，结果见表 4-1。检测结果显示，aAAP Ⅰ-b2 经过纯化后依然有少量蛋白质类物质存在，表明在多糖中可能有结合蛋白，且醛酸含量较高。

表 4-1　黑木耳多糖各组分的单糖组成

样本	多糖含量/%	蛋白质含量/%	醛酸含量/%	单糖组成/摩尔分数								摩尔比
				Man	Rha	GlcA	GalA	Glc	Gal	Xyl	Fuc	
aAAPⅠ-b2	91.59±1.58	1.62±0.07	19.76±1.25	0.714	—	0.244	—	0.034	—	0.008	—	89.25∶30.5∶4.25∶1

4.3.2.2　aAAPⅠ-b2 的单糖组成分析

aAAPⅠ-b2 的单糖组成及摩尔比见表 4-1，标准单糖及样本的 HPLC 图谱见图 4-4。由表 4-1 和图 4-4 可知，aAAPⅠ-b2 为酸性杂多糖，主要包含甘露糖、葡萄糖醛酸、葡萄糖和少量的木糖，摩尔比为 89.25∶30.5∶4.25∶1。

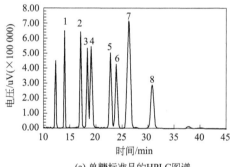

(a) 单糖标准品的HPLC图谱

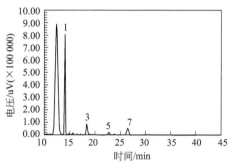

(b) aAAPⅠ-b2的HPLC图谱

图 4-4　aAAPⅠ-b2 和单糖标准品的 HPLC 图谱

1—Man；2—Rha；3—GlcA；4—GalA；5—Glc；6—Gal；7—Xyl；8—Fuc

中关于黑木耳多糖的单糖组成中含有葡萄糖醛酸的文献报道较多[60,176,216,217]。Sone 等[176]利用热水提取黑木耳多糖，后对 CPC 沉淀的酸性多糖组分进行了单糖组成的分析，同样含有 Man、GluA、Glu 和 Xyl，并且以 Man、GluA 和 Glu 为主[218,219]，含有少量的 Xyl[60,176]与本研究一致。Yoon[60]的研究表明，当酸性多糖中的醛酸被降解以后，黑木耳多糖的抗凝血活性消失，由此可知，醛酸在黑木耳多糖的抗凝血中发挥极其重要的作用。而 aAAPⅠ-b2 中含有较多量葡萄糖醛酸（表 4-1），这也可能是其有较高抗凝血活性的原因。

4.4　aAAP Ⅰ-b2的结构解析

4.4.1　aAAP Ⅰ-b2 的官能团分析

　　FT-IR 光谱可以提供组成多糖的官能团信息，具有高效、快速、便捷且不破坏样品等特点。通常，根据多糖的 FT-IR 光谱可以确定多糖的构型，再结合其余鉴定手段，可以确定多糖的基本结构特征，aAAP Ⅰ-b2和 dp-cAAP 的红外扫描结果见图 4-5。

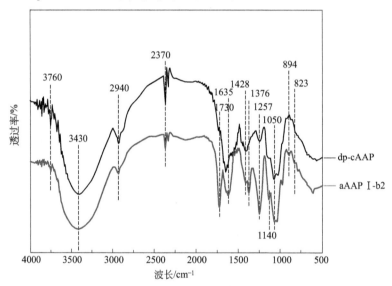

图 4-5　aAAP Ⅰ-b2 和 dp-cAAP 的 FT-IR 图谱

　　$3760cm^{-1}$ 附近的弱峰，表示有一个自由分子间羟基（—OH）存在；在 $3430cm^{-1}$（$3500\sim3100cm^{-1}$）附近宽而强烈的吸收峰，这是分子内羟基（—OH）拉伸振动的结果；$2940cm^{-1}$ 处的吸收峰为—CH$_2$—的不对称伸缩形成的；$2370cm^{-1}$ 处的峰值是倾斜角度的碳氢键（C—H）；以上这些都是多糖的典型特征[157,158,164,220]，表明 aAAP Ⅰ-b2 和 dp-cAAP 均为多糖类物质。$1730cm^{-1}$ 处的吸收峰，可能是由＞C ═O 或 C ═C 伸缩吸收引起的；$1635cm^{-1}$ 处的吸收峰是由伴生水引起的[210]；加之 $1428cm^{-1}$ 和 $1376cm^{-1}$ 处 O—C ═O 的强吸收峰，证明了醛酸的存在[88,162,210]，表明 aAAP Ⅰ-b2 为酸性多糖，此结果与高效液相色谱法测定的单糖组成结果相一致。此外，1140cm^{-1} 和 1050cm^{-1}（1150～1050cm^{-1}）附近的吸收峰归因于 C—O—C 或 C—O—H 的振动，表明 aAAPⅠ-b2 中有吡喃糖的存在[221]。1300～650cm^{-1}附近为指纹区，结合文献资料[222,223]以及单糖组成，认为 aAAPⅠ-b2 在 894cm^{-1} 附近的吸收峰为 β-D-葡萄糖吡喃环的振动峰[210]，823cm^{-1}附近的吸收峰为 α-D-吡喃甘露糖的特征峰，与单糖检测结果相符。

综上，aAAPⅠ-b2 中包含有醛酸以及 α-吡喃糖、β-吡喃糖的结构，并且以 α-D-吡喃甘露糖为主链。对比 aAAPⅠ-b2 和 dp-cAAP 的图谱，表明在多糖分离纯化的过程中，多糖的主要官能团并没有发生显著变化。aAAPⅠ-b2组分的 FT-IR 图谱显示多糖结构保留完整，表明研究过程中对多糖的分离纯化并没有改变或破坏多糖本身的化学结构。

4.4.2　aAAPⅠ-b2 的糖肽键分析

由 4.3.1 结果可知，aAAPⅠ-b2 中还含有少量的蛋白质，β-消去反应可以快速、简便地鉴定蛋白聚糖糖肽键的连接方式。根据与多糖连接肽链的是羧基还是氨基，可以将糖肽键分成 O-连接和 N-连接两种方式。形成 O-连接的丝氨酸和苏氨酸通过 β-消去反应，形成的 α-氨基丙烯酸和 α-氨基丁烯酸在 240nm 处的吸光度值会有显著增加，而形成 N-连接的天冬氨酸则不会有此现象[224]。aAAPⅠ-b2 经过 0.2mol/L NaOH 处理前后的紫外扫描结果见图 4-6。

从图 4-6 中可见，aAAPⅠ-b2 经过 NaOH 处理以后，在 240nm 处虽没有出现明显的吸收峰，但与处理前的吸光度值相比，从 0.45 增加到 0.70，有明显的增加，表明处理后的溶液中出现了 α-氨基丙烯酸和 α-氨基丁烯酸[225]，即说明在 aAAPⅠ-b2 中蛋白聚糖的糖肽键连接方式为 O-连接。

4.4.3　aAAPⅠ-b2 的部分酸水解

多糖可在不同浓度的酸性条件下水解，糖苷键对酸水解的敏感程度有明显的差异。中性糖苷键对酸的敏感程度高于带有醛酸形成的酸性糖，而五碳糖的糖苷键对酸的敏感程度又高于相同构型的六碳糖[226]。通过对

aAAPⅠ-b2 的部分酸水解处理，检测透析袋内外的单糖组成，可以判断其主链和支链的基本单糖组成。

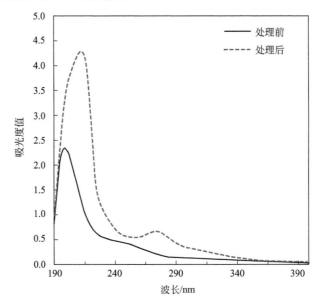

图 4-6　aAAPⅠ-b2 的 β-消去反应

aAAPⅠ-b2 的部分酸水解以后透析袋内外组分的单糖检测结果见表 4-2。aAAPⅠ-b2 由甘露糖、葡萄糖醛酸、葡萄糖和木糖组成，通过较低浓度的酸水解作用，透析袋内的单糖为甘露糖和葡萄糖，摩尔比约为 2.8：1，而透析袋外的单糖主要是葡萄糖和木糖，摩尔比约为 5：1。结合 aAAPⅠ-b2 本身的单糖组成，可以初步判断其主链可能由甘露糖、葡萄糖醛酸和葡萄糖组成，而毛发区域即支链部分是由葡萄糖和木糖组成的。

表 4-2　aAAPⅠ-b2 的酸水解分析

样本		摩尔比				
		Man	Glc	Xyl	甘油	赤藓糖醇
部分酸水解	aAAPⅠ-b2-透析袋内	19.81	7.13	—	—	—
	aAAPⅠ-b2-透析袋外	—	1.06	0.21	—	—
完全酸水解	aAAPⅠ-b2 高碘酸盐氧化	22.50	—	—	0.32	7.84

4.4.4　aAAPⅠ-b2 的高碘酸氧化和 Smith 降解

高碘酸氧化反应的广泛应用是由许多因素引起的，其中最主要的是在适当条件下高选择性的应用高碘酸盐反应。高碘酸氧化非常适合与水溶性糖类一起使用。反应的定量性质，以及为跟踪其过程而提供的精确分析方法，使我们能够利用较少的物质从实验中获得大量的信息。特定的分组会产生某些稳定最终产物的规律性数据，成为建立一些未知结构有用的分析工具。高碘酸盐和碘酸盐离子的许多无机盐的不溶性，使它们可以从反应混合物中沉淀，从而有利于多糖的分离[227]。经高碘酸氧化后，不同糖苷键类型的糖类物质反应特点总结见表4-3。

表4-3 高碘酸氧化和Smith降解的反应特点

糖苷键类型	化学反应	反应及产物特点
1→3、1→2,3、1→2,4 1→3,4、1→3,6、1→2,3,4	不能发生高碘酸氧化	—
1→2、1→2,6、1→4、1→4,6	高碘酸氧化	消耗一分子高碘酸,不产生甲酸
1→、1→6	高碘酸氧化	消耗一分子高碘酸,生成一分子甲酸
1→、1→6、1→2、1→2,6	Smith降解	生成甘油
1→4、1→4,6	Smith降解	生成赤藓醇

高碘酸及其盐（IO_4^-）可以定量的与糖类物质上的氧化邻二羟基、α-羟基醛等碳—碳键发生反应，并使碳原子的氧化态升高，产物是相应的羰基化合物，也可以作用于邻三羟基，产生甲酸及相应的醛，而 IO_4^- 本身被还原成 IO_3^-。此类反应定量发生，可以根据反应过程中高碘酸的消耗量和甲酸的生成量，判断糖苷键的位置、支链多糖的聚合度以及支链多糖的分支情况等[228]。Smith降解可以将多糖经高碘酸氧化后的产物进行还原，并且只破坏已被高碘酸氧化的糖苷键，而未参与高碘酸氧化反应的糖苷键则仍保留在糖链上，因此结合单糖组成分析可以进一步判断糖苷键的类型和主链、支链等多糖结构信息[229]，基本推断方法总结见表4-3。

4.4.4.1 aAAP I-b2的高碘酸氧化

根据2.5.6.1中的方法，高碘酸钠标准曲线的方程为 $y=8.3571x+0.04495$，$R^2=0.9985$，图见附录（图7）。aAAP I-b2经高碘酸避光氧化，每间隔4h，取样品稀释100倍后于223nm下测定吸光度值，反应72h后吸光度值趋于稳定，表示反应结束，NaOH滴定表明产物中有甲酸产生，表明aAAP I-b2中含有1→或1→6糖苷键；可通过NaOH滴定计算甲酸的生成量，并根据标准曲线方程计算高碘酸消耗量，二者的摩尔比为 0.34 : 0.05，比值大于 2，表明 aAAPⅠ-b2 中也含有 1→2、1→2，6、1→4 或 1→4,6 糖苷键。

4.4.4.2　aAAPⅠ-b2 的 Smith 降解

经过高碘酸氧化的 aAAPⅠ-b2，先经过还原、脱盐后再进行完全酸水解，得到的水解液经 GC-MS 检测，标准物质及完全酸水解组分的检测结果见图 4-7 和表 4-3。

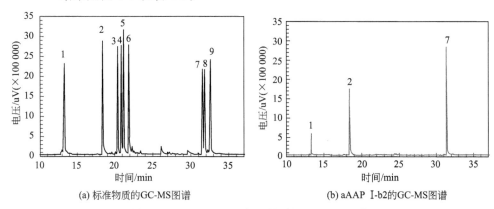

(a) 标准物质的GC-MS图谱　　　　　(b) aAAPⅠ-b2的GC-MS图谱

图 4-7　aAAPⅠ-b2 和标准物质的 GC-MS 图谱

1—glycerin；2—erythritol；3—Rha；4—Fuc；5—Ara；6—Xyl；7—Man；8—Glc；9—Gal

结合 aAAPⅠ-b2 的单糖组成（表 4-1）和表 4-3，完全酸水解的组成检测结果中不含有 Glc 和 Xyl，则表明 Glc、GlcA 和 Xyl 被高碘酸氧化后再经过酸水解，转化成了甘油和赤藓糖醇，结合甘油和赤藓糖醇的摩尔比，判断 Glc 和 GlcA 可能的糖苷键为 1→4 或 1→4，6，而 Xyl 的糖苷键为 1→、1→6、1→2 或 1→2,6。完全酸水解组成中检测出 Man，表明 Man 没有被高碘酸氧化，因此可能的糖苷键为 1→3、1→2,3、1→2,4、1→3,4、1→3,6 或 1→2,3,4，以上也是 aAAPⅠ-b2 主链的可能糖苷键类型。主链中还包含有 Glc 或 GlcA，因此也应该含有 1→4 或 1→4,6 糖苷键。支链主要由 Xyl 和 Glc 组成，可能含有 1→、1→6、1→2、1→2,6、1→4 或 1→4,6 糖苷键。

4.4.5　aAAPⅠ-b2 的甲基化分析

多糖的甲基化分析是分析多糖化学结构的重要方法，其原理是将多

糖中的羟基完全甲基化后，通过将其水解、还原和乙酰化后采用 GC-MS
对其降解所得乙酸酯的类型进行分析，以此确定多糖所含的糖苷键类型。
aAAP I-b2 先经过还原组分中的葡萄糖醛酸，再进行甲基化作用，处理
后的组分经 GC-MS 检测，图谱如图 4-8 所示，各糖苷键的质谱扫描见图
4-9，甲基化分析结果见表 4-4。

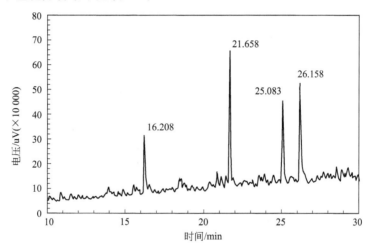

图 4-8　aAAP I-b2 甲基化 GC-MS 图谱

表 4-4　aAAP I-b2 的甲基化分析

甲基化糖	质荷比(m/z)	摩尔比	糖苷键类型
2,3,4,6-Me4-Man$p$	43,71,87,101,117,129,145,161,205	0.152	Man$p$-(1→
2,4,6-Me3-Man$p$	43,71,85,87,99,101,117,129,161	0.316	→3)-Man$p$-(1→
2,3,6-Me3-Glc$p$	43,87,99,101,113,117,129,131,161,173,233	0.230	→4)-Glc$p$-(1→
4,6-Me2-Man$p$	43,85,87,99,101,127,129,161,201,216	0.302	→2,3)-Man$p$-(1→

　　甲基化分析结果显示 aAAP I-b2 中含有四个部分甲基化的糖醇乙酸
酯峰，通过与 CCRC 光谱数据库对比，可以确定 aAAP I-b2 中含有四种
类型的糖苷键，分别为 Man$p$-(1→、→3)-Man$p$-(1→、→4)-Glc$p$-(1→
和→2,3)-Man$p$-(1→，甲基化的分析结果与 4.4.3 中的部分酸水解和
4.4.4 中的完全酸水解结果相吻合。但由于木糖含量较低，在甲基化的结
果检测中没有检测到其糖苷键类型。

　　如表 4-4 所示，四种糖苷键的摩尔比为 1.0∶2.1∶1.5∶2.0，四种
糖苷键的质谱扫描结果见图 4-9。由于 aAAP I-b2 含有 GlcA，且单糖组
成中 GlcA 与 Glc 的比例约为 7∶1，因此甲基化分析结果中的→4)-Glc$p$-
(1→糖苷键来源于 GlcA 的还原和 Glc，即→4)-GlcAp-(1→和→4)-Glc$p$-

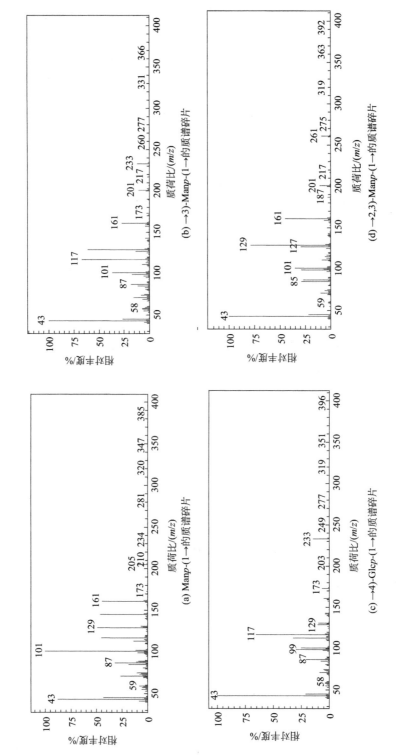

图 4-9 四种糖苷键的质谱扫描

(1→所占比例应该约为 7∶1。综合考虑酸水解和 Smith 降解结果，判断 aAAP I-b2 结构为：其主链由→3)-Man$p$-(1→、→4)-GlcAp-(1→和→2, 3)-Man$p$-(1→组成，Man 的 2 位 C 上连接侧链→4)-Glc$p$-(1→。

4.4.6　aAAP I-b2 的核磁共振分析

核磁共振（NMR）是分子科学、材料科学、生物学和医学中研究不同物质结构、物性最有效的工具之一。采用 NMR 技术表征多糖结构具有高效、快速且不破坏样品等优点，目前已成为分析多糖分子结构的最常用方法。但 2D 核磁检测对样品的纯度要求更高，尤其是分子量较大的多糖类物质，如果在扫描过程中有效的摩尔浓度不是所有成分中的最高值，往往检测不出理想的结果。因此，在本研究中，尝试采用 1D NMR（^{1}H 和[13]C）和 2D NMR（COSY、HSQC 和 HMBC）对 aAAP I-b2 进行结构表征。

^{1}H NMR 图谱信号范围分布较窄，可用于确定多糖中糖苷键的构型。通常，糖残基的端基氢大于 δ 5.0 为 α 型，小于 δ 5.0 为 β 型。如图 4-10 所示，在 aAAP I-b2 的[1]H NMR 图谱中，异头氢分布在 δ 4.5～5.3 范围，分别是 δ 4.74、4.95 和 5.13，说明其中既含有 α 型糖苷键，也含有 β 型糖苷键，这与 FT-IR 的结果相一致。多糖是一类高分子聚合物，其结构较为复杂，但由于[1]H NMR 图谱信号区间较窄，因此会出现信号重叠

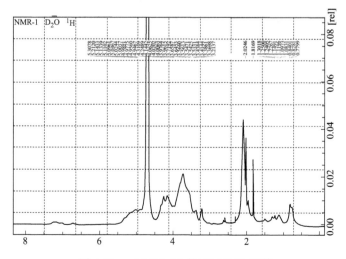

图 4-10　aAAP I-b2 的[1]H NMR 图谱

等现象，需结合其余 NMR 图谱综合分析。

相比之下，^{13}C NMR 图谱中化学位移分布的范围较为宽泛，因此图谱分辨率较高，很少出现重叠。根据[13]C NMR 图谱，可以确定多糖所含残基的数目，且可根据异头碳在 δ 95～110 范围所出现峰的个数推断多糖残基的数量和构型。一般而言，糖残基 β 型异头碳的化学位移比 α 型高约 2～3。aAAP Ⅰ-b2 的[13]C NMR 图谱如图 4-11 所示。

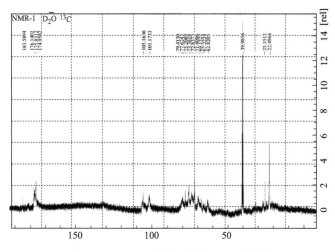

图 4-11　aAAP Ⅰ-b2 的[13]C NMR 图谱

aAAP Ⅰ-b2 的[1]H NMR 图谱中 3.00～5.50 的氢信号，结合[13]C NMR 图谱中 62.0～80.0 之间，以及 101.2、105.2 的碳信号，可确定 aAAP Ⅰ-b2 为多糖类物质。其中 101.2 和 105.2 为多糖的异头碳信号，表明多糖中存在两种主要的糖苷键形式。^{13}C NMR 图谱中 174.9～176.2 的碳信号为羧基碳信号，提示该多糖分子存在糖醛酸的残基。

在 2D NMR 图谱中，HSQC NMR 图谱反映的是直接相连的[1]H 与[13]C 之间的偶合关系，即可根据已知的异头氢，确定各残基[13]C 的归属。图 4-12 是 aAAP Ⅰ-b2 的 HSQC NMR 图谱。综合核磁图谱，参考相关文献 ［116，123，230～232］，aAAP Ⅰ-b2 的结构分析结果见表 4-5。

其中，→4)-β-D-GlcAp-(1→的结构，根据 HSQC NMR 图谱中 C 105.2、H 4.25 是 →4)-β-D-GlcAp-(1→的典型端基碳氢信号，H-1 与 3.21 具有 COSY 相关信号，因此确定 3.21 是 H-2 信号；H-2 与 3.86 具有 COSY 相关信号，因此确定 3.86 是 H-3 信号。由于缺乏相关的 COSY 信号和 HMBC 信号，所以推测 C 80.0、H 3.72 是 4 位的碳氢信号，推测

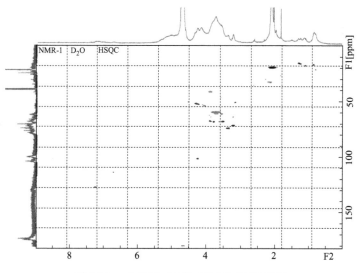

图 4-12　aAAPⅠ-b2 的 HSQC NMR 图谱

表 4-5　aAAPⅠ-b2 的核磁共振分析

结构单位	化学位移					
	C/H	1	2	3	4	5	6
β-D-Manp-(1→	C	101.17	69.15	69.1	72.8	73.36	67.22
	H	5.13	4.14	3.96	3.53	3.21	4.14
→3)-α-D-Manp-(1→	C	101.2	71.4	79.8	67.2	73.6	62.8
	H	5.22	4.17	3.95	3.89	3.84	3.82~3.53
	HMBC	—	—	—	—	3.63	73.6
→4)-β-D-GlcAp-(1→	C	105.2	75.3	—	80.0	—	175.9
	H	4.25	3.21	3.86	3.72	—	—
	¹H-¹H	3.21	4.25,3.86	—	—	—	—
→2,3)-β-D-Manp-(1→	C	101.17	72.83	77.62	71.41	67.22	69.15
	H	4.94	3.71	4.02	3.56	3.56	3.56

C 175.9 是 6 位的碳信号。另外，→3)-α-D-Manp-(1→的结构，主要根据 C 101.2、H 5.22 是→3)-α-D-Manp-(1→的典型端基碳氢信号，由于缺乏 Manp 的 COSY 信号和 HMBC 信号，所以根据 C-2 到 C-6 主要参考文献 [225] 的核磁检测数据分析来确定，推测 C 71.4、H 4.17 是 2 位的碳氢信号，C 79.8、H 3.95 是 3 位的碳氢信号，C 67.2、H 3.89 是 4 位的碳氢信号，C 73.6、H 3.84 是 5 位的碳氢信号。其中，H-6 与 C-5 具有 HMBC 相关信号，因此推测 C 62.8、H 3.82~3.53 是 6 位的碳氢信号。

综上，结合各项检测结果，aAAPⅠ-b2 是以 β-D-Man、β-D-葡萄糖

醛酸和 α-D-葡萄糖为主要单糖构成的酸性杂多糖，其中 Man、GlcA、Glc 和 Xyl 的摩尔比为 89.25：30.5：4.25：1，分子量 9772。其主链为 α-D-Man$p$-(1→3)-α-D-Man$p$-(1→2,3)-α-D-Man$p$-(1→4)-β-D-GlcAp-(1→，Man 的 2 位 C 上连接→4)-β-D-Glc$p$-(1→，推测 aAAPⅠ-b2 可能的重复单元结构如图 4-13 所示。以 α-(1→3)-D-Man$p$ 为主链的 aAAPⅠ-b2 结构，与 Bandara 等[177]综述的黑木耳多糖主链结构相一致。杨曦明[208]研究白树花硫酸酯化抗凝血多糖的结构：主链由 (1→2)-β-D-Man 残基及少量的 (1→3)-α-Glc 构成，分支由 (1→2,6)-β-D-Glc 残基构成，与 aAAPⅠ-b2 结构有相似之处。

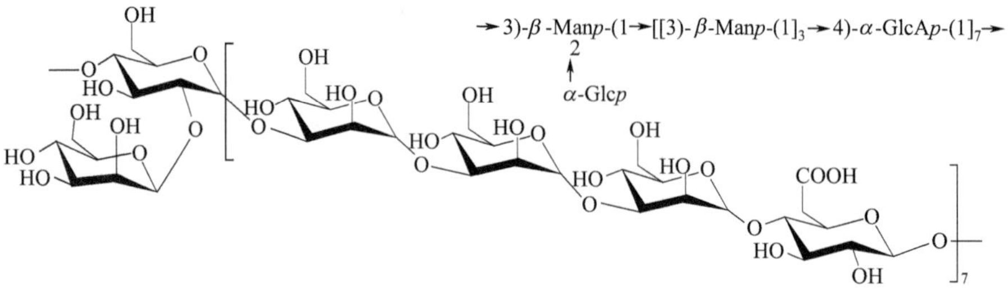

图 4-13　aAAPⅠ-b2 的重复单元结构

Zhang 等[120]通过碱溶醇沉方式提取的黑木耳多糖，是一种由 Xyl、Man、Glc 和 GlcA 组成的酸性杂多糖，但并没有得到 GlcA 与其他单糖的摩尔比；而 Yoon 等[60]对黑木耳多糖组分也进行了研究，得到了 Man、Glc 和 Xyl 与己糖醛酸的摩尔比为 0.35：0.26：0.25：0.14，但并未确定己糖醛酸的种类。黑木耳多糖本身黏度较高，且色素及金属离子含量较高，分离纯化相对困难，因此进一步详细的结构解析并未见报道。本研究首先确定了 aAAPⅠ-b2 的单糖组成与摩尔比，并进一步通过多种检测和化学手段确定了 aAAPⅠ-b2 的结构组成。

4.5　本章小结

本章对体外抗凝血活性最高的黑木耳多糖 aAAPⅠ-b2 组分进行了单糖组成和结构的分析，所得结论如下：

① AFM 扫描显示，不同单糖组成的黑木耳多糖组分，微结构形态有

显著不同，其中抗凝血活性较强的 aAAPⅠ-b2 呈球形，直径约 0.12~0.25μm，还可见柱状丛，表明其具有两种不同的聚集形式。刚果红实验结果显示 aAAPⅠ-b2 无三股螺旋结构，因此其可能为单链结构。

② 采用高效凝胶色谱法和高效液相色谱法，测定了 aAAPⅠ-b2 的分子量和单糖组成，分子量约为 9770，且 aAAPⅠ-b2 是一种酸性杂多糖，主要由甘露糖、葡萄糖醛酸、葡萄糖和木糖组成，摩尔比为 89.25：30.5：4.25：1，葡萄糖醛酸含量较高，且甘露糖含量最高，木糖微量。

③ 红外扫描结果可以判断 aAAPⅠ-b2 中含有醛酸的特征结构，且单糖均以吡喃糖结构为主，通过比对指纹区的特征官能团显示，葡萄糖或葡萄糖醛酸以 β-D-型为主，而 Man 则以 α-D-型为主。β-消去反应结果显示，纯化后的 aAAPⅠ-b2 中微量的蛋白质可能以 O-糖苷键的形式与糖连接，而形成蛋白聚糖。通过部分酸水解反应初步判断 aAAPⅠ-b2 以甘露糖和葡萄糖醛酸为主链，而以葡萄糖和木糖为支链；高碘酸氧化和 Smith 降解实验结果显示，主链中 Man 可能的糖苷键类型为 1→3、1→2,3、1→2,4、1→3,4、1→3,6 或 1→2,3,4，而 Glc 或 GlcA 以 1→4 或 1→4,6 糖苷键为主，支链中的 Xyl 和 Glc 可能含有 1→、1→6、1→2、1→2,6、1→4 或 1→4,6 糖苷键。进一步将 aAAPⅠ-b2 进行还原，再通过甲基化和核磁检测，分析结果与上述化学分析相吻合。aAAPⅠ-b2 的结构，其主链为 α-D-Man$p$-(1→3)-α-D-Man$p$-(1→2,3)-α-D-Man$p$-(1→4)-β-D-GlcAp-(1→，Man 的 2 位 C 上连接侧链→4)-β-D-Glc$p$-(1→。

第 5 章 ▶▶

aAAP Ⅰ-b2对角叉菜胶诱导
小鼠血栓的抑制作用及抑制途径

5.1 概述

到目前为止，虽然已经明确经典的凝血途径并不是机体细胞完整的凝血途径，但依此建立起来的 APTT、PT、TT 和 FIB 凝血四项检测依旧是最有效和方便的抗凝血活性成分的体外评价方法。机体内的凝血对生命有至关重要的作用，凝血在健康的机体调节水平内，可以防止局部损伤导致的出血过量，维持体内出血和凝血的平衡；而一旦由于环境因素、机体健康因素等导致平衡被破坏，则过量的凝血就会导致血管内血栓的产生。体外抗凝血活性成分的研究与应用也主要是针对血栓类疾病的治疗和预防。

根据体外凝血实验的结果，确定 aAAPⅠ-b2 具有较强的抗凝血活性，其主要的抗凝血功能是通过抑制内源性途径中因子Ⅻ、Ⅺ、Ⅸ、Ⅷ、Ⅹ和Ⅴ的活性，以及提高 AT 活性来共同实现的。在此实验基础上，通过对给药饲喂过的小鼠注射角叉菜胶的方式制造血栓模型，利用黑尾现象可以较直观判断血栓的形成情况，结合体内凝血四项实验的检测、出血时间以及尾部血栓切片等，可以考察 aAAPⅠ-b2 对小鼠体内凝血及血栓形成的抑制作用效果。

血栓的形成是一个复杂的过程，与机体内血管内皮细胞、血液的流速、血液的黏稠度和抗凝血因子等诸多因素有关。依据血栓的形成过程和机理，体内抗血栓主要包括抑制血小板的活化、抗凝血和促纤溶三个基本途径。其中抑制血小板活化和抗凝血途径，发生在血栓形成过程中，依靠提高抗性因子活性或降低促进因子活性，从而抑制血栓的形成和形成速度，而促纤溶途径是在血栓形成以后依靠纤溶酶使血栓溶解。

各种途径主要靠调节相应的酶或者因子的活性来达到抑制血栓形成的目的，因此研究诱导血栓模型的相关因子和酶的活性，是抗凝血活性多糖抑制途径研究的有效手段。通过上述方法研究 aAAPⅠ-b2 在体内的抗凝血活性及途径，可以为黑木耳多糖的抗凝血活性研究提供进一步的理论基础，为更安全有效的抗血栓疾病的预防和病后恢复类药物的研发提供一定的借鉴，对抗血栓相关保健食品及药物的开发具有重要的实际意义。

5.2 aAAP I-b2对小鼠体质的影响

通过监测对比小鼠在给药饲喂前和造模前体重和血常规指标的变化，衡量小鼠给药喂养后的健康状况，以评估 aAAP I-b2 在小鼠体内的安全性。

5.2.1 aAAP I-b2 对小鼠体重的影响

本实验选用 4～6 周龄的雄性昆明小鼠，实验组分别给小鼠灌胃高中低剂量的 aAAP I-b2 （50mg/kg·d、100mg/kg·d 和 200mg/kg·d），并且以阿司匹林（20mg/kg·d）作为阳性对照，后腹部注射角叉菜胶混合物，形成尾部血栓模型。小鼠的初始体重和造模前的最终体重见表 5-1。

表 5-1 aAAP I-b2 对小鼠体重的影响

样本	灌胃前初始体重/g[①]	灌胃 14d 后造模前体重/g
空白组	24.4±0.6	32.9±1.3
模型组	24.8±0.9	34.1±2.6
阿司匹林对照组	24.8±0.9	30.6±3.6
aAAP I-b2 低剂量组	24.4±0.6	31.0±1.0
aAAP I-b2 中剂量组	24.3±0.8	32.0±1.9
aAAP I-b2 高剂量组	24.2±0.9	30.7±1.5

① 平均值±标准差（$n=16$）。

从表中可以看出，各组小鼠的体重在饲喂期内均持续增加，灌胃前后，各组与空白对照组的平均体重均没有显著差异，说明 aAAP I-b2 对实验小鼠无明显不良反应；但 aAAP I-b2 高剂量组和阿司匹林阳性对照组的体重增长较少，与空白组相差较大，表明大剂量的多糖和阿司匹林对体重的增长有一定影响，但并没有达到统计学上差异显著的水平（$p > 0.05$）。

5.2.2 aAAP I-b2 对小鼠血常规指标的影响

通过小鼠的白细胞（WBC）、红细胞（RBC）、血红蛋白（HGB）和血小板（PLT）等血常规指数可以初步反映小鼠的营养状态及健康状况。分别在给药喂养前、给药喂养 14d 后造模前两个时间点心脏采血，利用全自动血液分析仪测定血常规各项指标。各个实验组小鼠两个时间点血液的检测结果见表 5-2。其中，血小板在血管内皮细胞破损释放凝血酶时，可被激活，快速形成的激活血小板可以为血栓形成提供磷脂表面。

表 5-2　aAAPⅠ-b2 对小鼠血常规指标的影响

样本		白细胞 /(10^9/L)	红细胞 /(10^{12}/L)	血红蛋白 /(g/L)	血小板 /(10^9/L)
给药前	空白组	5.5 ± 1.4	8.6 ± 0.5	140.3 ± 7.6	1482.5 ± 331.1
	模型组	6.8 ± 1.7	8.4 ± 0.2	138.7 ± 8.1	1293.0 ± 254.2
	阿司匹林对照组	6.7 ± 2.4	8.5 ± 1.5	$148.3\pm20.6$①	1353.3 ± 159.3
	aAAPⅠ-b2 低剂量组	6.7 ± 1.7	9.0 ± 0.8	149.3 ± 8.2	1160.3 ± 130.2
	aAAPⅠ-b2 中剂量组	3.9 ± 2.5	6.4 ± 2.8	99.0 ± 4.5	1010.0 ± 57.9
	aAAPⅠ-b2 高剂量组	6.1 ± 4.0	8.7 ± 0.9	140.0 ± 10.4	1589.3 ± 174.0
给药 14d 后 造模前	空白组	5.7 ± 2.3	8.2 ± 0.4	$144.0\pm10.1$①	1472.6 ± 213.5
	模型组	6.2 ± 1.2	8.3 ± 0.7	142.7 ± 3.9	1349 ± 164.7
	阿司匹林对照组	6.3 ± 2.1	8.5 ± 0.9	$148.8\pm11.4$①	1481 ± 79.8
	aAAPⅠ-b2 低剂量组	6.7 ± 1.2	9.1 ± 0.8	$144.7\pm17.2$①	1097 ± 172.4
	aAAPⅠ-b2 中剂量组	4.6 ± 0.5	6.0 ± 1.3	112.8 ± 7.9	1345 ± 201.6
	aAAPⅠ-b2 高剂量组	6.2 ± 1.7	8.2 ± 0.4	$147.1\pm9.8$①	1384 ± 147.5

① 表示超出正常范围值。

　　WBC、RBC、HGB 和 PLT 的正常范围值分别为（$0.8\sim6.8$）$\times10^9$/L、（$6.4\sim9.4$）$\times10^{12}$/L、$110\sim143$g/L 和（$450\sim1590$）$\times10^9$/L。结果显示，各组各项指标基本均在正常范围内，偏离不大，饲喂后小鼠血小板的量亦在正常值范围。表明，通过阿司匹林和 aAAPⅠ-b2 不同剂量的给药饲喂小鼠，对小鼠的营养状态和健康状况没有不良影响[29]，可以进行下一步的造模实验。阿司匹林在正常口服状况下，可以通过抑制血小板聚集等起到抑制血栓形成的作用，但并不影响血小板的数量，aAAPⅠ-b2 的作用表现与此类似。

5.3　aAAPⅠ-b2对小鼠血栓的抑制作用

5.3.1　aAAPⅠ-b2 对小鼠黑尾抑制率的影响

　　按照 2.7.1 中的方法，通过角叉菜胶的注射，可以造成小鼠尾部的血栓，在造模过程中注意注射液的温度，温度过低时黏稠度过高，可影响其在小鼠体内的扩散。注射后，需将各组小鼠置于相同的饲养条件下，较低温度便于血栓的形成[194]。小鼠尾部血栓模型与其他模型相比的主要优点是可以直观看见血栓形成的长短，并且不经过机械损伤，对实验动物伤害较小。末次给药 2h 后，进行角叉菜胶下腹部注射造模，各组小鼠24h 的成模率、血栓抑制相对长度和血栓相对长度抑制率见表 5-3，各组小鼠造模后 24h、48h 和 72h 的血栓结果见图 5-1。

表 5-3 aAAPⅠ-b2 对小鼠血栓相对长度抑制率的影响

组别	成模率/%	RATL①	IR/%
模型组	100	67.37±4.24	—
阿司匹林对照组	100	10.73±1.30 **	84.07
aAAPⅠ-b2 高剂量组	90	37.73±4.89 **	44.00
aAAPⅠ-b2 中剂量组	100	49.93±4.85 **	25.89
aAAPⅠ-b2 低剂量组	100	59.57±6.92	11.58

① 平均值±标准差（$n=10$）。

注：** 表示与模型组比较，差异极显著（$p<0.01$）。

除高剂量组造模后有一只小鼠没有出现血栓以外，其他各组小鼠均造模成功，成模率较高。根据式（2-5）和式（2-6），计算各组黑尾抑制率（IR），结果见表 5-3，阿司匹林阳性对照组的黑尾抑制率最高，可达 84.07%，其次是 aAAPⅠ-b2 高剂量组，为 44.00%，但明显低于阿司匹林阳性对照组；aAAPⅠ-b2 中低剂量组更低，但 aAAPⅠ-b2 的摄入对小鼠尾部血栓的形成均有一定的抑制作用。肖素军等[193]同样利用角叉菜胶造小鼠尾部血栓模型，考察猕猴桃根多糖对其的抑制作用，在 160mg/kg·d 灌胃给药 10d 的情况下，猕猴桃根多糖可以完全抑制血栓的形成，IR 达 100%，中和低剂量组 IR 较低，表明 aAAPⅠ-b2 在最大灌胃剂量下，IR 也明显低于猕猴桃根多糖，但也具有显著抑制血栓形成的活性。

从图 5-1 中可以清楚可见，24h、48h 和 72h 三个时间点，模型组尾部血栓最明显、长度最长，与之相比，阳性对照组血栓最短，表明阿司匹林在此实验中抑制血栓效果最好；而 aAAPⅠ-b2 高剂量组的黑尾血栓长度，较阳性对照组稍高，但明显低于模型组；中剂量组的黑尾血栓长度较高剂量组稍长，而 aAAPⅠ-b2 低剂量组的黑尾血栓长度几乎接近模型组长度，表明 aAAPⅠ-b2 在小鼠体内具有抑制尾部血栓形成的作用，且具有剂量依赖性。各个造模组在造模后 24h、48h 和 72h 的血栓长度变

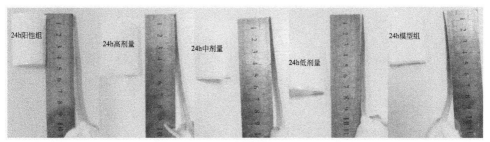

(a) 24h各组黑尾情况

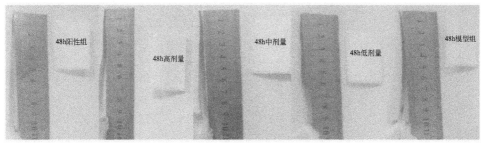

(b) 48h各组黑尾情况

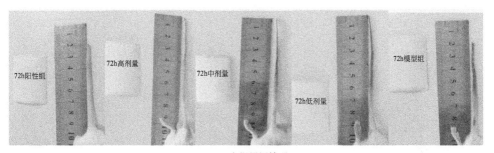

(c) 72h各组黑尾情况

图5-1　aAAP I-b2 对小鼠黑尾的影响

化不明显，但血栓形成的边界会更清晰；到 72h 时，各实验组均有明显断尾情况出现。

5.3.2　aAAP I-b2 对小鼠出血时间的影响

小鼠断尾出血时间实验是一个操作简单的经典实验，可以用于测定小鼠模型的血小板功能。小鼠经过 14d 饲喂以后，在末次给药 1h 后，进行小鼠尾尖断尾出血时间的比较，各组实验结果见图5-2。

与空白（生理盐水灌胃）组比较，阿司匹林阳性对照组、aAAP I-b2 高剂量组和 aAAP I-b2 中剂量组均有极显著延长出血时间的作用。表

明经过 14d 不同剂量的给药喂养，经小鼠体内消化吸收以后，aAAPⅠ-b2
还具有较明显延长出血时间的作用，出血时间与血液中血小板的激活和
作用密切相关。实验结果表明，aAAPⅠ-b2 可以通过抑制血小板激活的
方式延长出血时间，即具有较强的体内抗凝血活性；而 aAAPⅠ-b2 低剂
量组与空白组出血时间差异不显著，也表明，aAAPⅠ-b2 对小鼠体内的
抗凝血活性具有一定的剂量依赖性。

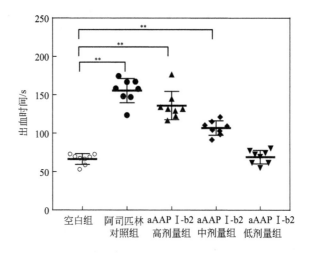

图 5-2　aAAPⅠ-b2 对小鼠出血时间的影响

** 表示 $p < 0.01$

5.3.3　aAAPⅠ-b2 对小鼠凝血时间的影响

小鼠经过 14d 灌胃给药喂养，经角叉菜胶注射进行小鼠尾部血栓造
模 2h 后，对各组小鼠进行心脏采血，按照 2.2.2.7 中的方法制备贫血小
板血浆，取各组血浆 250μL，再按照 2.4 中的方法检测对照组和实验组的
ATPP、PT 和 TT，以及 FIB 含量。实验各组 ATPP、PT 和 TT 的结果
见图 5-3，FIB 检测结果见图 5-4。

模型组的 ATPP、PT 和 TT 与空白组比较，均表现出极显著差异，
表示模型成立。阿司匹林阳性对照组和 aAAPⅠ-b2 高剂量组与模型组比
较，均能够显著延长 ATPP、PT 和 TT，但各组凝血时间均低于空白组，
表明 aAAPⅠ-b2 在小鼠体内代谢后，同样能够通过抑制内源性途径和外
源性途径以及增强 AT 活性的方式，实现抗凝血功效。

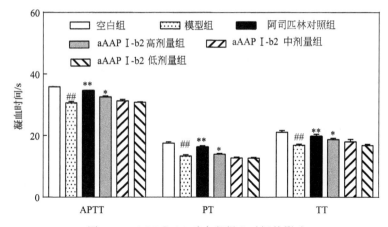

图 5-3　aAAP I -b2 对小鼠凝血时间的影响

表示 $p < 0.01$，与空白组比较；** 表示 $p < 0.01$；* 表示 $p < 0.05$，与模型组比较

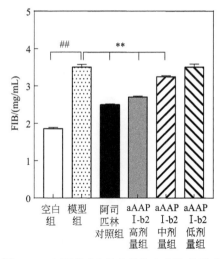

图 5-4　aAAP I -b2 对小鼠体内 FIB 的影响

表示 $p < 0.01$，与空白组比较；** 表示 $p < 0.01$，与模型组比较

　　从图 5-4 中可以看出，模型组 FIB 值明显高于空白组，表明在尾部血栓造模后，也就是血栓在形成过程中，小鼠体内的纤维蛋白原含量明显升高，表明血栓模型是成立的。而阿司匹林阳性对照组、aAAP I-b2 高中剂量组可以明显降低小鼠体内纤维蛋白原的含量，从而降低凝血即血栓形成的速度，表明 aAAP I-b2 可以通过降低纤维蛋白原的生成量来延长凝血时间，从而表现为抑制血栓的形成，但其纤维蛋白原含量还是高于空白组。aAAP I-b2 低剂量组对血浆中纤维蛋白原的含量影响不大，从趋势上看，aAAP I-b2 对小鼠体内纤维蛋白原含量的降低有剂量依赖性。

5.3.4　aAAPⅠ-b2 对小鼠尾部血栓的影响

HE 染色是临床工作中常用的一项病理学诊断技术[233]。本研究中，取各组小鼠相同尾部血栓，经多聚甲醛固定后，于脱水机中彻底脱水，再于包埋机内标记好后包埋并冷冻固定，切片机上精确切片 4μm，于烤箱脱蜡后染色。染色前需彻底脱蜡，再经苏木精和伊红分别对细胞核和细胞质染色，最后脱水经中性树胶封片后于光学显微镜（日本奥林巴斯，OLYMPUS CK31）下进行图像采集，结果见图 5-5。

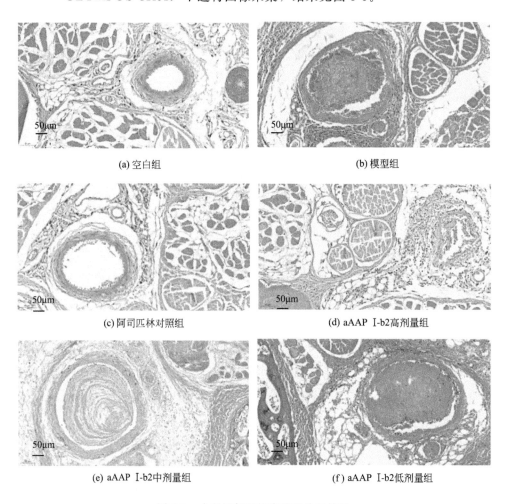

(a) 空白组　　　　　　　　　　　　　　　　(b) 模型组

(c) 阿司匹林对照组　　　　　　　　　　　(d) aAAPⅠ-b2高剂量组

(e) aAAPⅠ-b2中剂量组　　　　　　　　　(f) aAAPⅠ-b2低剂量组

图 5-5　小鼠尾部组织病理学检查结果

由 HE 染色结果可见，空白组血管内膜完整 ［图 5-5(a)］，模型组 ［图 5-5(b)］血管内有梗阻闭塞性血栓形成，几乎填满了整个血管腔，血栓内部有大量致密的纤维蛋白交联在一起,周围堆积了大量的红细胞;阿司匹林阳性对照组的抑制效果最好［图5-5(c)］,血管腔内只见内皮细胞破裂,有少量红细胞堆积,几乎不见血栓形成;aAAPⅠ-b2高剂量组［图5-5(d)］的染色结果显示,血管内皮细胞连接点分离及内皮细胞走向紊乱,胞浆中有明显脱落的表皮细胞,有少量血栓形成,周围有少量红细胞堆积,血管腔内未见明显堵塞[234];aAAPⅠ-b2中剂量组［图5-5(e)］,血管腔内约有3/4以上空间被血栓堵塞,但非梗阻性血栓,血栓内部有大量纤维蛋白较松散的交联,间以少量白细胞;aAAPⅠ-b2低剂量组［图5-5(f)］血管腔内有致密的纤维蛋白聚集,几乎占据整个管腔,周围聚集少量红细胞。与模型组相比,aAAPⅠ-b2低中高剂量组血栓依次减少。

　　多种刺激因子,如物理、化学、感染、创伤,其至免疫等因素都能够破坏机体内凝血与抗凝血平衡系统而引起血栓[235]。血栓模型是研究此类心血管疾病的重要病理模型[193]。动物血栓模型可以通过多种方法诱导,其中机械损伤法、电流损伤法、结扎法和异物法等均需通过对实验动物进行手术完成,操作复杂、且创伤大。本研究采用注射角叉菜胶的化学方法,诱导小鼠尾部血栓模型,不存在上述缺点,且血栓在尾部,易于观察和测量,成模率高。本研究中,模型组小鼠血栓造模成功率为100％。通过对血常规的检测,可以监测造模后各组小鼠的健康变化,考察阿司匹林和aAAPⅠ-b2对小鼠的影响[29]。断尾出血实验是一个反映小鼠生理性止血功能的常用评价手段[236],剪断小鼠尾尖,可触发小鼠的生理性止血,该实验可以用来评价受试物对血小板止血时间的影响,但小鼠断尾出血时间过长则提示受试物可能有出血风险[236,237]。本研究中aAAPⅠ-b2可以延长小鼠断尾出血时间,表明其具有体内抗凝血活性,但单独使用时需注意用量防止可能的出血危险。凝血四项实验是判断机体止血与凝血系统病理变化的重要指标,是临床上最常用的凝血系统筛选试验,其结果可用来判断体内凝血的基本途径[238]。本研究中的APTT、PT和TT三项体内凝血时间结果基本与体外实验吻合,表明aAAPⅠ-b2具有相似的体内和体外抗凝血活性,即抗凝血途径相同;而FIB实验结果表明,aAAPⅠ-b2亦可通过降低小鼠体内纤维蛋白原含量的方式,抑制凝血的发生。综上,多个相关实验结果表明,aAAPⅠ-b2在小鼠体内具有较强的抗凝血和抑制血栓形成的作用。

5.4 aAAPⅠ-b2抑制小鼠血栓途径研究

在机体内抑制血栓的三个途径中，分别选择有代表性的表面受体因子作为指标判断aAAPⅠ-b2的抑制血栓基本途径。

5.4.1 aAAPⅠ-b2对抑制血小板活性的影响

血栓最初起始于血小板的聚集、黏附、释放及细胞间的相互作用，而此类作用大多数是靠血小板膜表面的受体机制完成的。血小板膜表面的脂质双分子层中分布着很多的糖蛋白跨膜受体，至今已经发现40余种。本实验选择eNOs、ET-1、PGI_2和TXB_2等受体进行检测，探讨aAAPⅠ-b2通过相关受体对血小板激活、黏附和聚集等作用的影响。

5.4.1.1 aAAPⅠ-b2对一氧化氮合成酶和内皮素-1的影响

NO也称内皮衍生松弛因子，在体内主要由血管内皮细胞合成。由一氧化氮合成酶（eNOs）在还原型辅酶Ⅱ和氧气的存在下催化L-精氨酸生成NO。NO经由血管内皮细胞释放入血液，可以抑制血小板激活、聚集，并引起血管扩张，从而实现生理性止血。而内皮素-1（ET-1）的作用与eNOs相反，主要由微血管和大动脉血管内皮细胞生成，具有较强的血管收缩作用。机体通过调节eNOs与ET-1的平衡来调节血液的正常状态，因此通过测定血液中eNOs和ET-1的含量，可以评估机体对血管舒张的调节。eNOs和ET-1的检测结果如图5-6、图5-7所示。

各实验组与空白组的ET-1与eNOs比值见表5-4，从表中可以看出，模型组由于血栓的作用，使得ET-1的表达水平升高，eNOs的表达水平降低，从而使ET-1/eNOs值，与空白组比较显著上升（$p < 0.01$）；而aAAPⅠ-b2高剂量组没有表现出显著性差异（$p > 0.05$），表明aAAPⅠ-b2通过调节ET-1和eNOs的表达水平能够起到治疗血栓的目的。并且通过与模型组ET-1/eNOs值对比可以看出，通过aAAPⅠ-b2高中低剂量的饲喂，均可以起到调节ET-1和eNOs表达水平的作用，并具有显著性差异。以上结果与图 5-2 中的黑尾实验结果相吻合。

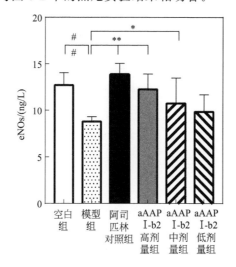

图 5-6　aAAP I-b2 对角叉菜胶诱导血栓小鼠 eNOs 的影响

表示 $p<0.05$，与空白组比较；** 表示 $p<0.01$、* 表示 $p<0.05$，与模型组比较

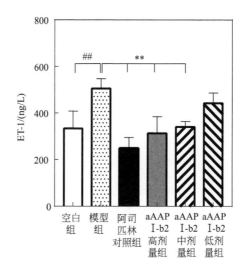

图 5-7　aAAP I-b2 对角叉菜胶诱导血栓小鼠 ET-1 的影响

表示 $p<0.01$，与空白组比较；** 表示 $p<0.01$，与模型组比较

表 5-4　aAAP I-b2 对角叉菜胶诱导血栓小鼠 ET-1/eNOs 的影响

项目	空白组	模型组	阿司匹林对照组	aAAP I-b2 高剂量组	aAAP I-b2 中剂量组	aAAP I-b2 低剂量组
ET-1/eNOs	25.16±1.47	57.4±3.56	18.96±0.89# **	25.59±2.31 **	31.67±3.26# **	44.99±4.59# # *

注：# 表示 $p<0.05$、## 表示 $p<0.01$，与空白组比较；** 表示 $p<0.01$，与模型组比较。

5.4.1.2 aAAP Ⅰ-b2 对前列环素和血栓素 B_2 的影响

前列环素（PGI_2）也由血管内皮细胞代谢产生，是一种强烈的血管扩张剂和血小板聚集的抑制物。PGI_2 主要是通过血小板 G 蛋白介导而引起血小板内的 cAMP 含量增加，从而抑制血小板的形态改变、血小板的聚集和释放，并抑制血管性血友病因子（vWF）、纤维蛋白原和血小板表面特异性受体的结合，还可抑制血小板的促凝活性[15]。血栓烷 A_2（TXA_2）是一种强烈的血小板聚集物，有较强的促凝血作用，同时可以促进血管收缩，引起高凝[239,240]。TXA_2 在体内极其不稳定，通过代谢可以迅速转变为血栓素 B_2（TXB_2），临床上常通过检测 TXB_2 来反映 TXA_2 的水平。TXB_2 与 PGI_2 的代谢产物 6-keto-PGF1α 在血液中可维持动态平衡，以维持机体正常生命活动。因此，可以通过检测 TXB_2 和 PGI_2 水平来衡量 aAAP Ⅰ-b2 是否可以通过抑制血小板激活途径抑制血栓的形成。PGI_2 和 TXB_2 的实验结果见图 5-8 和图 5-9。

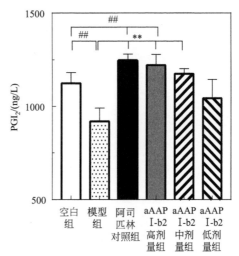

图 5-8　aAAP Ⅰ-b2 对角叉菜胶诱导血栓小鼠 PGI_2 的影响

表示 $p < 0.01$，与空白组比较；** 表示 $p < 0.01$，与模型组比较

如图 5-8 所示，模型组 PGI_2 水平明显低于空白组，表示模型造模成功[241]。aAAP Ⅰ-b2 的中高剂量组与模型组相比，有极显著的提高（$p < 0.01$），且与空白组比较，aAAP Ⅰ-b2 高剂量组的 PGI_2 水平有显著升高，表明其可以明显通过提高 PGI_2 的水平来扩张血管和抑制血小板的聚集，从而起到抑制血栓的作用。

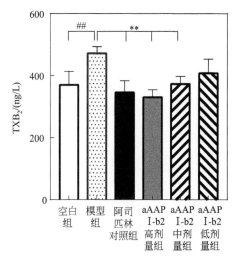

图 5-9　aAAP I-b2 对角叉菜胶诱导血栓小鼠 TXB$_2$ 的影响

表示 $p < 0.01$，与空白组比较；** 表示 $p < 0.01$，与模型组比较

图 5-9 显示，模型组 TXB$_2$ 水平显著高于空白组，表明血小板释放、激活和聚集反应增强，血栓素合成增多[242]，造模成功。aAAP I-b2 的中高剂量组与模型组比较，显著降低（$p < 0.01$），表明 aAAP I-b2 可以通过降低 TXB$_2$ 水平减少血管的收缩，从而减少血栓的形成，且抑制血栓的能力与 aAAP I-b2 呈剂量依赖性；与空白组比较，aAAP I-b2 高剂量组的 TXB$_2$ 水平有所降低，但没有统计学差异。

各实验组与空白组 PGI$_2$ 和 TXB$_2$ 的比值见表 5-5，从表中可以看出，模型组通过造模引起了 PGI$_2$ 表达水平的降低和 TXB$_2$ 表达水平的升高，因此与空白组比较，PGI$_2$/TXB$_2$ 会明显降低。而 aAAP I-b2 高剂量组的 PGI$_2$/TXB$_2$ 与空白组最接近，表现为差异不显著（$p > 0.05$），表明实验组在每千克体重 100mg/d 的给药量下，能够实现较好的调节 PGI$_2$ 和 TXB$_2$ 表达水平作用，能够在一定程度上起到治疗血栓的作用。并且，通过与模型组的 PGI$_2$/TXB$_2$ 值对比，可以看出，经过 aAAP I-b2 高中低剂量的饲喂，可以调节 PGI$_2$ 和 TXB$_2$ 的表达水平，从而实现对血栓的治疗作用。以上结果与图 5-2 中的黑尾实验结果相吻合。

表 5-5　aAAP I-b2 对角叉菜胶诱导血栓小鼠的 PGI$_2$/TXB$_2$ 影响

项目	空白组	模型组	阿司匹林对照组	aAAP I-b2 高剂量组	aAAP I-b2 中剂量组	aAAP I-b2 低剂量组
PGI$_2$/TXB$_2$	3.17±0.02	1.95±0.13	3.61±0.22 **	3.69±0.07 **	3.01±0.19 **	2.2±0.05 **

注：# 表示 $p < 0.05$，## 表示 $p < 0.01$，与空白组比较；** 表示 $p < 0.01$，与模型组比较。

异常情况下，血管内血小板的激活与释放，可以促使血液凝固、血管收缩、诱发和加重血栓的形成。aAAPⅠ-b2 在较高剂量下，可以通过调节 ET-1/eNOs 和 PGI_2/TXB_2 的方式抑制小鼠体内血小板的激活和聚集，从而达到控制血栓形成的目的。Xie 等[243]也利用此组指标评价了 *Rubus* spp. 的小鼠体内抗凝血活性。

5.4.2　aAAP Ⅰ-b2 对抗凝血活性的影响

机体除了可以通过抑制血小板活性来控制血栓形成以外，还可以通过抗凝血途径来抑制血栓的继续增长[244]。抗凝血酶Ⅲ系统是体内最主要的抗凝系统，系统中的肝素可以大大增强抗凝血酶Ⅲ（AT-Ⅲ）的抗凝作用，主要可以抑制凝血酶和因子Ⅹa 的活性，同时也可抑制因子Ⅶa、Ⅸa、Ⅻa 等的活性，是体内最重要的抗凝调节因子。蛋白 C（PC）是蛋白 C 抗凝系统中的重要成分，机体中的凝血酶可以激活 PC 为活化的 PC，后者可以通过灭活因子Ⅷa、Ⅴa、Ⅸa 和Ⅹa，抑制凝血。组织因子途径抑制物（TFPI）是 TF 凝血机制的主要拮抗物质，是体内天然存在的抗凝血活性成分，是外源性凝血途径的重要调节物。可选择检测以上三种凝血调节因子的活性或者含量，作为判断 aAAPⅠ-b2 对小鼠抗凝血途径抗血栓的指标[15]。

5.4.2.1　aAAPⅠ-b2 对抗凝血酶Ⅲ的影响

实验中，取制备的肝脏匀浆上清液，5 倍稀释后，采用 ELISA 的方法测定肝脏组织中 AT-Ⅲ的活性，各组检测结果如图 5-10 所示。与空白组相比，经角叉菜胶注射形成尾部血栓的模型组，AT-Ⅲ值显著降低（$p < 0.05$）；与模型组相比，aAAPⅠ-b2 高剂量组的 AT-Ⅲ值显著升高（$p < 0.05$），而中低剂量组的 AT-Ⅲ值与模型组之间没有显著性差异（$p > 0.05$）。表明在高剂量给药情况下，aAAPⅠ-b2 可以通过有效提高 AT-Ⅲ水平的方式抑制血液的凝固，从而抑制小鼠体内血栓的形成。

5.4.2.2　aAAPⅠ-b2 对蛋白 C 的影响

实验中，取制备的肝脏匀浆上清液，5 倍稀释后，采用 ELISA 的方法测定肝脏组织中 PC 的含量，各组检测结果如图 5-11 所示。与空白组相比，模型组肝脏组织的 PC 含量显著降低（$p<0.01$）；与模型组相比，aAAPⅠ-b2 高中剂量组的 PC 值均显著升高（$p<0.05$），表明较高剂量的 aAAPⅠ-b2，可以显著提高小鼠肝脏中 PC 的合成，提高抗凝血活性从而提高其抑制血栓形成的作用。

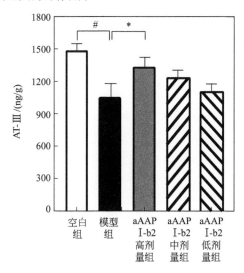

图 5-10　aAAPⅠ-b2 对角叉菜胶诱导血栓小鼠 AT-Ⅲ 的影响

表示 $p<0.05$，与空白组比较；* 表示 $p<0.05$，与模型组比较

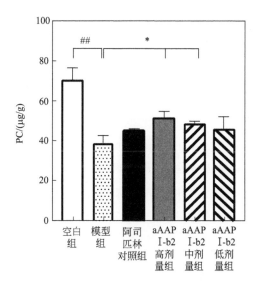

图 5-11　aAAPⅠ-b2 对角叉菜胶诱导血栓小鼠 PC 的影响

表示 $p<0.01$，与空白组比较；* 表示 $p<0.05$，与模型组比较

5.4.2.3　aAAPⅠ-b2 对组织因子途径抑制物的影响

实验中，取制备的肝脏匀浆上清液，5 倍稀释后，采用 ELISA 的方法测定肝脏组织中 TFPI 的含量，各组检测结果如图 5-12 所示。与空白组相比，角叉菜胶注射诱导的血栓模型组肝脏组织的 TFPI 含量显著降低（$p < 0.01$）；而与模型组相比，aAAPⅠ-b2 高中低剂量组肝脏组织的 TFPI 值均有所升高，但没有统计学差异（$p > 0.05$），表明 aAAPⅠ-b2 对小鼠肝脏组织合成 TFPI 的影响较小，不能通过抑制组织因子合成的方式有效抑制凝血及血栓的形成。

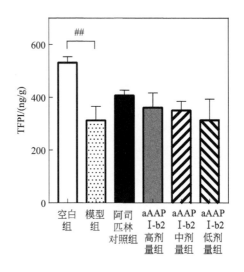

图 5-12　aAAPⅠ-b2 对角叉菜胶诱导血栓小鼠 TFPI 的影响

表示 $p < 0.01$，与空白组比较

综上，aAAPⅠ-b2 在高剂量时可以通过提高 AT-Ⅲ 和 PC 水平的方式，提高抗凝血活性，从而抑制血栓的形成。而对 TF 因子的抑制作用不明显，不能通过抑制 TF 的方式抑制凝血的发生。赵妍妍[245]通过 AT-Ⅲ 和 PC 水平初步评价了浒苔（*Ulva prolifera*）多糖的抗凝血途径，在浒苔多糖的作用下，AT-Ⅲ 的抗凝血活性也表现出明显的升高作用，认为其可能因为浒苔多糖与 AT-Ⅲ 结合，改变了 AT-Ⅲ 的构象，暴露了精氨酸和丝氨酸，增加了其与凝血酶的结合能力；而活性增强的 AT-Ⅲ 可激活蛋白 C，进而反馈性地继续提高 AT-Ⅲ 的活性，使 AT-Ⅲ 的抗凝血作用更强。

5.4.3　aAAP Ⅰ-b2 对促纤溶酶系统活性的影响

　　纤维蛋白溶解系统简称纤溶系统，是指纤溶酶原在纤溶酶原激活剂作用下转变为纤溶酶，进而由纤溶酶降解纤维蛋白（原）及其他蛋白质的系统。纤溶系统与凝血系统相似，也包括酶原的激活、酶活性的反馈性加强和抑制，以及最终达到与抑制物保持平衡，纤溶活性降低可导致血栓的生成。纤溶酶原是纤溶系统中最基本和核心的成分，其含量的高低直接决定了纤溶的能力，是潜在增强纤溶活性的成分。高分子量激肽原（HMWK）是内源性凝血途径起始因子 Ⅻ 转变为因子 Ⅻa 的重要激活剂，而因子 Ⅻ 的激活又可以启动血管内的纤溶系统，因此 HMWK 是凝血和纤溶系统重要的辅因子。

5.4.3.1　aAAP Ⅰ-b2 对高分子量激肽原的影响

　　以小鼠肝脏作为检测样本，取匀浆上清液稀释 5 倍后，采用 ELISA 的方法检测 HMWK 的含量，检测结果见图 5-13。与空白组比较，角叉菜胶注射诱导的血栓模型组肝脏组织的 HMWK 显著降低（$p < 0.01$）；而与模型组相比，aAAP Ⅰ-b2 高低剂量组肝脏的 HMWK 值，分别都表现出显著升高（$p < 0.05$）。表明通过 aAAP Ⅰ-b2 的饲喂，可以显著提高

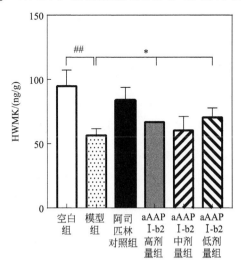

图 5-13　aAAP Ⅰ-b2 对角叉菜胶诱导血栓小鼠 HMWK 的影响

表示 $p < 0.01$，与空白组比较；* 表示 $p < 0.05$，与模型组比较

高分子量激肽原的含量，从而提高促纤溶酶的活性，促进血栓的降解。

5.4.3.2　aAAPⅠ-b2 对纤溶酶原的影响

以小鼠肝脏作为检测样本，取匀浆上清液稀释 5 倍后，采用 ELISA 的方法检测纤溶酶原（PLG）的含量，检测结果见图 5-14。与空白组比较，模型组 PLG 值明显降低，即角叉菜胶造血栓模型后，降低了 PLG 的含量，表明模型组潜在的纤溶能力降低。而 aAAPⅠ-b2 高中低各剂量组的 PLG 含量虽高于模型组，但不存在统计学差异（$p > 0.05$），表明 aAAPⅠ-b2 不能通过调节 PLG 水平来增强潜在的纤溶作用。

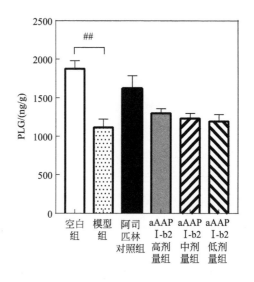

图 5-14　aAAPⅠ-b2 对角叉菜胶诱导血栓小鼠 PLG 的影响

表示 $p < 0.01$，与空白组比较

5.5　aAAPⅠ-b2 的抑制血栓形成机制

角叉菜胶注射诱导的血栓可引起血管壁和血液微粒中组织因子（TF）的表达，引起浓度改变，使血小板迅速聚集，血小板血栓和纤维蛋白凝块同时形成[246]，而 TF 又是现代凝血理论凝血级联反应中最重要的启动

因子，因此在机体内血栓是由血小板激活、黏附和聚集与凝血以及 FIB 凝固等共同作用形成的。血栓相应的调控机制就涉及抑制血小板的活化、抗凝血以及促进纤维蛋白溶解三个主要途径。通过较高剂量的 aAAPⅠ-b2（100～200mg/d・kg）灌胃喂养，可以抑制角叉菜胶诱导小鼠静脉血栓的形成，可能的作用途径见图 5-15。

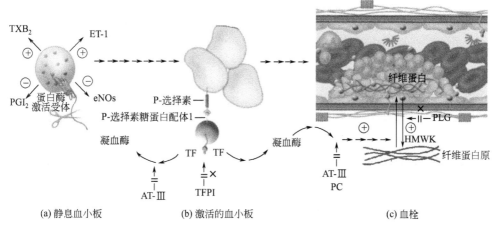

图 5-15　aAAPⅠ-b2 对角叉菜胶诱导小鼠血栓的抑制作用

血小板在正常的血液循环中处于静息状态，而在某些生理或病理状态下可被诱导激活，通过调节蛋白和第二信使的信号跨膜传导，产生应激，从而发生形态上的改变，产生伪足，以及发生黏附、聚集和释放反应等，最终与由凝血酶（thrombin，T）催化纤维蛋白原（fibrinogen）形成的纤维蛋白（fibrin）共同形成血栓的主体。在这一过程中，血小板的激活始于细胞膜上受体接收相应的配体，其中 TXA_2 和 ET-1 是血小板激活的激动剂，可以促进血小板的活化，而 PGI_2 和 eNOs 是血小板激活的拮抗剂，可以抑制血小板的活化。aAAPⅠ-b2 可以通过调节 ET-1/eNOs 和 PGI_2/TXB_2 的表达水平，从而抑制血小板的激活。在角叉菜胶诱导的小鼠尾部血栓模型中，组织因子通路在血小板活化中起主导作用。PAR4 是小鼠血小板上唯一的信号蛋白酶激活的凝血酶受体，对凝血酶介导的血小板活化至关重要[247]，凝血酶最初由组织因子（TF）和因子Ⅶ等诱导产生（见图 5-15），aAAPⅠ-b2 对组织因子途径抑制物（TFPI）的表达水平影响不大，因此不能通过直接抑制 TF 途径抑制血小板的激活。

aAAPⅠ-b2 可以通过调节 AT-Ⅲ和 PC 的表达，抑制凝血酶的活性，降低纤维蛋白原向纤维蛋白转化（可能的抗凝血途径见图 5-16），从而抑制血栓的形成。aAAPⅠ-b2 也可以通过增强 HMWK 的水平提高纤维蛋白向纤维蛋白原转化，增强纤溶作用，实现控制血栓的作用。血栓的形成是一个复杂的过程，受血栓类型、位置、个体等诸多因素的影响，因此本研究为 aAAPⅠ-b2 分子水平抗血栓途径的进一步研究提供了一定的基础。

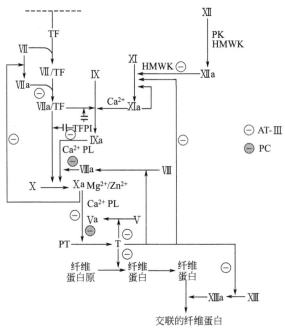

图 5-16　aAAPⅠ-b2 的小鼠体内抗凝血途径

抗凝血是抑制血栓形成的重要途径之一，从体内和体外 APTT、PT 和 TT 实验，以及体内 AT-Ⅲ和 PC 实验，可知 aAAPⅠ-b2 具有较强的抑制外源性和内源性凝血途径的作用，具体的抑制作用因子分析见图 5-16。

首先，aAAPⅠ-b2 可以通过提高 AT-Ⅲ的活性有效抑制凝血的发生。AT-Ⅲ是机体内活性最强的抗凝血活性物质，通过抑制凝血途径中最重要因子Ⅱa(T)的活性，可直接抑制纤维蛋白原转化成纤维蛋白，从而降低血栓的形成。因子Ⅹa 在凝血过程中有两个重要的功能，其一是催化凝血酶前体（PT）向 T 的转化，其二是反馈激活因子Ⅶ。AT-Ⅲ可以通过抑制因子Ⅹa 的活性，降低 T 的活化水平，降低内源性凝血途径的起始物——Ⅷa-TF 复合物的形成，从而抑制凝血的发生。AT-Ⅲ也可以抑制因子Ⅶa、Ⅸa、Ⅻa 的活性，从而抑制因子Ⅹ、Ⅺ的激活，以及Ⅶa-TF

复合物的形成。

其次，aAAPⅠ-b2 也可以通过提高 PC 的表达来抑制凝血的发生。PC 本身为无活性的丝氨酸蛋白酶原，T 是其主要的生理激活剂，激活以后的 PC 系统可以灭活因子Ⅴa 和Ⅷa，而后两者是凝血级联放大反应中的重要因子。因此，aAAPⅠ-b2 可以通过提高 PC 表达水平的方式来抑制凝血的放大反应，降低纤维蛋白凝块的形成。aAAPⅠ-b2 通过抗凝血活性途径可以有效抑制血栓的形成。

5.6 本章小结

本章通过建立角叉菜胶诱导小鼠尾部血栓模型，探究了 aAAPⅠ-b2 对体内静脉血栓的调节作用及其调控途径，具体所得结论如下：

① 血常规和体重的测量结果显示，与空白组相比，aAAPⅠ-b2 高中低剂量组的喂养对小鼠基本没有影响，表明 aAAPⅠ-b2 无不良反应；小鼠尾出血时间显示，中高剂量的 aAAPⅠ-b2 可以显著延长出血时间，表明对凝血系统有调节作用。通过各组小鼠黑尾的照片及黑尾抑制率结果，表明高剂量 aAAPⅠ-b2 对角叉菜胶诱导小鼠尾部血栓有一定的抑制效果，但效果明显低于阿司匹林阳性对照组。

② 体内的 APTT、PT 和 TT 实验结果与体外的实验结果基本吻合，表明高中剂量的 aAAPⅠ-b2 在小鼠体内同样具有抑制外源性、内源性和共同凝血途径的作用；而 FIB 实验结果显示，aAAPⅠ-b2 可以显著降低造模以后小鼠体内纤维蛋白原的含量，从而可以降低凝血和血栓的增长，上述凝血四项实验均表现出一定的剂量依赖性。

③ HE 染色结果显示，aAAPⅠ-b2 有明显抑制血栓形成的作用，与模型组相比，aAAPⅠ-b2 低中高剂量组血栓依次减轻，表明对血栓的抑制作用依次增强。

④ aAAPⅠ-b2 可以通过调节 ET-1/eNOs 和 PGI_2/TXB_2 的表达水平，抑制血小板激活的激活剂，以提高血小板激活拮抗剂活性的方式，抑制血小板的激活，进而降低血栓的形成。

⑤ aAAPⅠ-b2 也可以通过提高 AT-Ⅲ 和 PC 的表达水平，显著降低

凝血酶的活性，抑制纤维蛋白原向纤维蛋白转化，从而有效抑制交联的纤维蛋白多聚体的形成，起到抑制血栓形成的作用。

⑥ aAAPⅠ-b2 对 PLG 含量的影响不大，但可以通过提高 HMWK 的水平，间接提高机体纤溶的作用，因此认为其通过促纤溶抑制血栓形成的作用不明显。

综上所述，aAAPⅠ-b2 可以通过抑制血小板的激活途径以及抗凝血途径，显著抑制小鼠体内血栓的形成和增长。

附　录

一、缩写词表

英文缩写	英文全称	中文全称
A.auricula	*Auricularia auricula*	黑木耳
AAP	polysaccharide from *Auricularia auricula*	黑木耳多糖
aAAP	acidic polysaccharide from *Auricularia auricula*	酸性黑木耳多糖
AFM	atomic force microscope	原子力显微镜
APTT	activation of partial thromboplastin time	活化部分凝血活酶时间
AT-Ⅲ	antithrombin Ⅲ	抗凝血酶Ⅲ
BBD	Box-Behnken design	中心组化设计
cAAP	crude polysaccharide from *Auricularia auricula*	黑木耳粗多糖
CPC	cetylpyridine chloride	十六烷基氯化吡啶
CTAB	cetyl trimethyl ammonium bromide	十六烷基三甲基溴化铵
DES	deep eutectic solvents	深低共熔离子液
DMSO	dimethylsulfoxide	二甲基亚砜
EAE	enzyme-assisted extraction	酶法辅助提取
EDTA	ethylene diamine tetraacetic acid	乙二胺四乙酸
ELISA	enzyme linked immunosorbent assay	酶联免疫检测
EUAE	enzyme-ultrasound-assisted extraction	酶-超声波辅助提取
Factor Ⅰ	fibrinogen	纤维蛋白原
Factor Ⅱ	prothrombin	凝血酶原
Factor Ⅲ	tissue thromboplastin	组织因子
Factor Ⅳ	calcium	钙离子
Factor Ⅴ	labile factor	前加速素
Factor Ⅶ	thromboplastin	促凝血酶原激酶
Factor Ⅷ	antihemophilia factor	血友病因子Ⅷ
Factor Ⅸ	plasma thromboplastin component B	抗血友病 B 因子
Factor Ⅹ	stuart-power factor	自体凝血酶原 C
Factor Ⅺ	plasma thromboplastin antecedent C	抗血友病 C 因子

续表

英文缩写	英文全称	中文全称
Factor XII	hageman fact	接触因子
Factor XIII	fibrin stabilizing factor	纤维蛋白稳定因子
FIB	fibrinogen	纤维蛋白原
FT-IR	Fourier transform infrared spectroscopy	傅立叶转换红外线光谱
GAG	glycosaminoglycan	糖胺聚糖
HE	hematoxylin-eosin staining	苏木精-伊红
HP	heparin	肝素
HPGPC	high efficiency gel permeation chromatography	高效凝胶渗透色谱法
HPLC	high performance liquid chromatography	高效液相色谱法
HMWK	high molecular weight kininogen	高分子量激肽原
MAE	microwave-assisted extraction	微波辅助提取
MAEE	microwave-assisted enzyme extraction	微波辅助酶法提取
MS	mass spectrometry	质谱
IL	interleukin	白介素
NMR	nuclear magnetic resonance	核磁共振
PC	protein C	血浆蛋白 C
PEF	pulsed electric field	脉冲电场
PGI_2	prostaglandin	前列腺环素
PLA	plasminogen	纤溶酶原
PLE	pressurized liquid extraction	静水压辅助提取
PT	prothrombin time	凝血酶原时间
RSM	response surface methodology	响应面优化法
SERPINS	serine protease inhibitors	丝氨酸蛋白酶抑制剂家族
SEM	scanning electron microscope	扫描电镜
SFE	supercritical fluid extraction	超临界提取
TCA	trichloroacetic acid	三氯乙酸
TFPI	tissue factor pathway inhibitors	组织因子途径抑制物
TM	thrombomodulin	血栓调节蛋白
TT	thrombin time	凝血酶时间
UAE	ultrasound-assisted extraction	超声辅助提取

二、标准曲线

标准曲线（一）

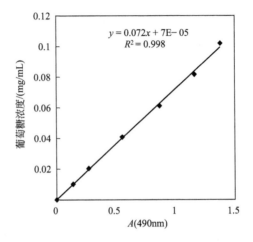

$$y = 0.072x + 7\text{E}-05$$
$$R^2 = 0.998$$

图 1　葡萄糖标准曲线

标准曲线（二）

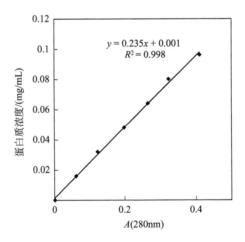

$$y = 0.235x + 0.001$$
$$R^2 = 0.998$$

图 2　蛋白质标准曲线

标准曲线（三）

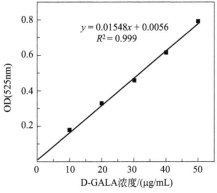

图 3　糖醛酸标准曲线

标准曲线（四）

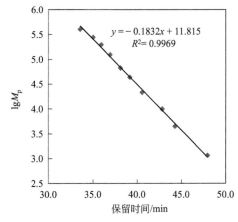

图 4　$\lg M_p$-RT（峰位分子量）标准曲线

标准曲线（五）

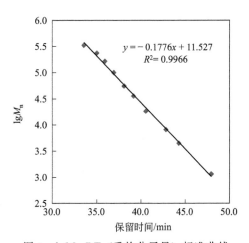

图 5　$\lg M_n$-RT（重均分子量）标准曲线

标准曲线（六）

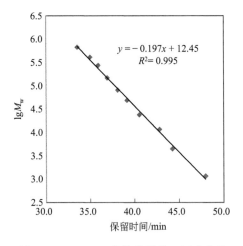

$$y = -0.197x + 12.45$$
$$R^2 = 0.995$$

图 6　$\lg M_{\mathrm{w}}$-RT（数均分子量）标准曲线

标准曲线（七）

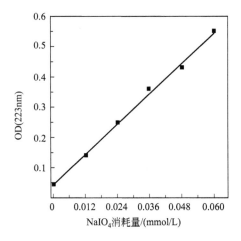

图 7　高碘酸钠标准曲线

标准曲线（八）

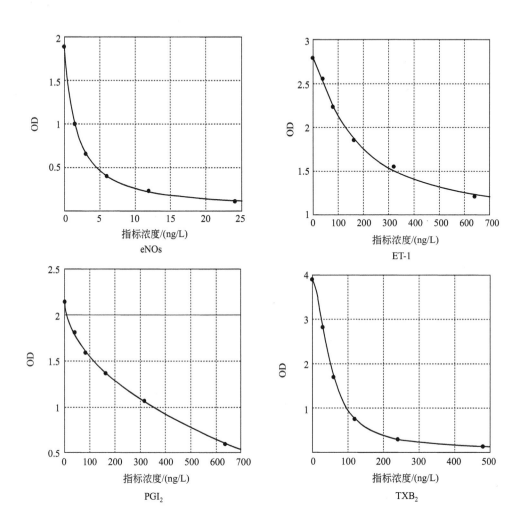

图 8　抑制血小板活性相关指标的标准曲线

eNOs：$y = 1.89646 - 0.00152 / \left(1 + \dfrac{x}{1.64113} \times 1.03315 \right) + 0.00152$　$(R^2 = 0.99973)$

ET-1：$y = 2.79893 - 0.93862 / \left(1 + \dfrac{x}{163.13245} \times 1.22904 \right) + 0.93862$　$(R^2 = 0.99705)$

PGI$_2$：$y = 2.14267 + 7.49516 / \left(1 + \dfrac{x}{11725.08895} \times 0.57008 \right) - 7.49516$　$(R^2 = 0.99857)$

TXB$_2$：$y = 3.87842 - 0.07742 / \left(1 + \dfrac{x}{50.67276} \times 1.77587 \right) + 0.07742$　$(R^2 = 0.99998)$

标准曲线（九）

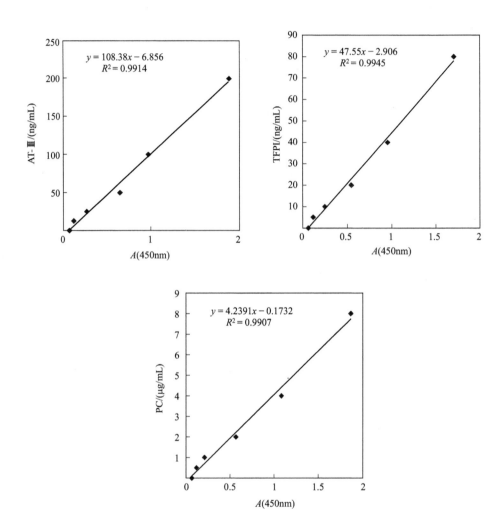

图 9 抗凝血相关指标的标准曲线

标准曲线（十）

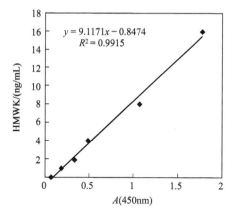

图 10　促纤溶相关指标的标准曲线

参 考 文 献

[1]　Lin Sh Zh, AL-Wraikat M, Niu L R, et al. Degradation enhances the anticoagulant and antiplatelet activities of polysaccharides from *Lycium barbarum* L leaves [J]. International Journal of Biological Macromolecules, 2019, 133: 674-682.

[2]　Sun F, Liu Y, Wang D, et al. A novel photocleavable heparin derivative with light controllable anticoagulant activity [J]. Carbohydrate Polymers, 2017, 184: 191-198.

[3]　Brown A, Douglas A S. Anticoagulants and anticoagulant therapy: a review [J]. Glasgow Medical Journal, 1952, 33 (6): 225.

[4]　Ma Y, Wang C, Zhang Q, et al. The effects of polysaccharides from *Auricularia auricula* (*Huaier*) in adjuvant anti-gastrointestinal cancer therapy: A systematic review and network meta-analysis [J]. Pharmacological Research, 2018, 132: 80-89.

[5]　Wang Y, Wang C, Guo M. Effects of ultrasound treatment on extraction and rheological properties of polysaccharides from *Auricularia Cornea* var. Li [J]. Molecules, 2019, 24: 939.

[6]　Bandara A R, Rapior S, Mortimer P E, et al. A review of the polysaccharide, protein and selected nutrient content of *Auricularia*, and their potential pharmacological value [J]. Mycosphere Journal, 2019, 10 (1): 579-607.

[7]　Su Y, Li L. Structural characterization and antioxidant activity of polysaccharide from four auriculariales [J]. Carbohydrate Polymers, 2020, 229: 115407.

[8]　白海娜. 黑木耳多糖 AAP-4 与原花青素对辐射诱导氧化损伤协同防护作用 [D]. 哈尔滨: 哈尔滨工业大学化学工程与技术专业博士学位论文, 2016: 6.

[9]　Cheung P C. The hypocholesterolemic effect of two edible mushrooms: *Auricularia auricula* (tree-ear) and *Tremella fuciformis* (white jelly-leaf) in hypercholesterolemic rats1 [J]. Nutrition Research, 1996, 16: 1721-1725.

[10]　Ma F, Wu J, Li P, et al. Effect of solution plasma process with hydrogen peroxide on the degradation of water-soluble polysaccharide from *Auricularia auricula* Ⅱ: Solution conformation and antioxidant activities in vitro [J]. Carbohydrate Polymers, 2018, 198: 575-580.

[11]　Fuchs H J. Eine neue theorie über die blutgerinnung [J]. Klinische Wochenschrift, 1930, 9 (6): 243-245.

［12］ Morawitz P. Die chemie der blutgerinnung ［J］. Ergebnisse der Physiologie，1905，4（1）：307-422.

［13］ MacFarlane R G. An enzyme cascade in the blood clotting mechanism and its function as a biochemical amplifier ［J］. Nature，1964，202（4931）：498-499.

［14］ Davie E W，Ratnoff O D. Waterfall sequence for intrinsic blood clotting ［J］. Science，1964，145（3638）：1310-1312.

［15］ 彭黎明，邓承祺. 现代血栓与止血的实验室检测及其应用 ［M］. 北京：人民卫生出版社，2004：19-20.

［16］ Lichtin A，Bartholomew J. The Coagulation Consult ［M］. Springer-Verlag New York，2016：3.

［17］ Mann K G. Thrombin formation ［J］. Chest，2003，124（3）：4S-10S.

［18］ Adcock D M，Kressin D C，Marlar R A. Minimum specimen volume requirements for routine coagulation testing：dependence on citrate concentration ［J］. American Journal of Clinical Pathology，1998，109（5）：595-599.

［19］ McCraw A，Hillarp A，Echenagucia M. Considerations in the laboratory assessment of haemostasis ［J］. Haemophilia，2010，16：74-78.

［20］ Ageno W，Gallus A S，Wittkowsky A，et al. Oral anticoagulant therapy：antithrombotic therapy and prevention of thrombosis：American College of Chest Physicians evidence-based clinical practice guidelines ［J］. Chest，2012，141（2）：e44S-e88S.

［21］ 宋其玲. 光脉黎芦与乌苏里黎芦生物碱抗血栓研究 ［D］. 大连：大连理工大学药物工程专业博士学位论文，2015：2-3.

［22］ 车薇，李霞，梁艳. 大鼠实验性血栓模型的建立及其应用 ［J］. 中国医院药学杂志，2008，12：93-98.

［23］ 派孜拉·肉孜买买提，方青波，田广磊，等. 白细胞介素-1β 及相关标志物在下肢深静脉血栓中的表达变化与作用机制相关性研究 ［J］. 国际外科学杂志，2019，46（3）：164-168.

［24］ Wessler S，Reimer S M，Sheps M C. Biologic assay of a thrombosis-inducing activity in human serum ［J］. Journal of Applied Physiology，1959，14（6）：943-946.

［25］ 胡三觉，田巧莲，顾建文，等. 一种新的体内血栓形成动物模型 ［J］. 第四军医大学学报，1993，14（1）：69.

［26］ Li Q，Chen Y，Zhao D，et al. Long Sheng Zhi capsule reduces carrageenan-induced thrombosis by reducing activation of platelets and endothelial cells ［J］. Pharmacological Research，2019，144：167-180.

[27] 韦瑛，冯飞玲，黄志宏，等. 自体白色血栓性猴局部脑缺血模型的建立 [J]. 中国现代医学杂志，2005，15（24）：3715-3717.

[28] Wang Y，Yu D，Yu Y，et al. Potential role of sympathetic activity on the pathogenesis of massive pulmonary embolism with circulatory shock in rabbits [J]. Respiratory Research，2019，20（1）：97.

[29] 聂牧，王云，郭守东，等. 板栗多糖抗动脉血栓形成的作用 [J]. 食品科学，2015，36（11）：211-214.

[30] Kurz K D，Main B W，Sandusky G E. Rat model of arterial thrombosis induced by ferric chloride [J]. Thrombosis Research，1990，60（4）：269-280.

[31] 潘素静，龙晓英，陈梓侠，等. 活血中药对血瘀和血栓模型作用的比较研究 [J]. 中药药理与临床，2013（5）：78-82.

[32] Shimamoto T. The relationship of edematous reaction in arteries to atherosclerosis and thrombosis [J]. Journal of Atherosclerosis Research，1963，3（2）：87-102.

[33] 王思文. 枳桂舒心颗粒预处理对模型动物血液流变学及血栓形成的影响 [D]. 长春：长春中医药大学药学专业硕士学位论文，2018：21.

[34] Zia F，Zia K M，Zuber M，et al. Heparin based polyurethanes：a state of the art review [J]. International Journal of Biological Macromolecules，2016，84：101-111.

[35] Rabenstein D L. Heparin and heparan sulfate：structure and function [J]. Natural Product Reports，2002，19（3）：312-331.

[36] Cao Y，Shi S，Wang L，et al. Ultrasensitive fluorescence detection of heparin based on quantum dots and a functional ruthenium polypyridyl complex [J]. Biosensors and Bioelectronics，2014，55：174-179.

[37] Oliveira R C R，Almeida R R，Gonçlclves T A. A review of plant sulfated polysaccharides and their relations with anticoagulant activities [J]. Journal of Developing Drugs，2016，5（3）：3-5.

[38] Carvalhal F，Cristelo R R，Resende D I，et al. Antithrombotics from the sea：polysaccharides and beyond [J]. Marine Drugs，2019，17（3）：170.

[39] Zhang F，Zhang Z，Linhardt R J. Chapter 3-Glycosaminoglycans [M]. In Handbook of Glycomics；Cummings，R D，Pierce，J M，Eds；Academic Press：San Diego，CA，USA，2010：59-80.

[40] Vasconcelos A，Pomin V. The sea as a rich source of structurally unique glycosaminoglycans and mimetics [J]. Microorganisms，2017，5（3）：51.

[41] Saravanan R，Shanmugam A. Isolation and characterization of low molecular

weight glycosaminoglycans from marine mollusc *Amussium pleuronectus* (linne) using chromatography [J]. Applied Biochemistry and Biotechnology, 2010, 160 (3): 791-799.

[42] Santos J C, Mesquita J M F, Belmiro C L R, et al. Isolation and characterization of a heparin with low antithrombin activity from the body of Styela plicata (*Chordata-Tunicata*) Distinct effects on venous and arterial models of thrombosis [J]. Thrombosis Research, 2007, 121 (2): 213-223.

[43] Pavão M S G. Structure and anticoagulant properties of sulfated glycosaminoglycans from primitive Chordates [J]. Anais da Academia Brasileira de Ciências, 2002, 74 (1): 105-112.

[44] Pereira M S, Vilela-Silva A C E S, Valente A P, et al. A 2-sulfated, 3-linked α-L-galactan is an anticoagulant polysaccharide [J]. Carbohydrate Research, 2002, 337 (21-23): 2231-2238.

[45] Pomin V H, Mourão P A D S. Specific sulfation and glycosylation——a structural combination for the anticoagulation of marine carbohydrates [J]. Frontiers in Cellular and Infection Microbiology, 2014, 33 (6): 33.

[46] Chen S, Xue C, Tang Q, et al. Comparison of structures and anticoagulant activities of fucosylated chondroitin sulfates from different sea cucumbers [J]. Carbohydrate Polymers, 2011, 83 (2): 688-696.

[47] Gomes A M, Kozlowski E O, Pomin V H, et al. Unique extracellular matrix heparan sulfate from the bivalve *Nodipecten nodosus* (Linnaeus, 1758) safely inhibits arterial thrombosis after photochemically induced endothelial lesion [J]. Journal of Biological Chemistry, 2010, 285 (10): 7312-7323.

[48] Brito A S, Cavalcante R S, Palhares L C G F, et al. A non-hemorrhagic hybrid heparin/heparan sulfate with anticoagulant potential [J]. Carbohydrate Polymers, 2014, 99 (1): 372-378.

[49] Pomin V H. Anticoagulant motifs of marine sulfated glycans [J]. Glycoconjugate Journal, 2014, 31 (5): 341-344.

[50] Liu X, Hao J, Shan X, et al. Antithrombotic activities of fucosylated chondroitin sulfates and their depolymerized fragments from two sea cucumbers [J]. Carbohydrate Polymers, 2016, 152 (11): 343-350.

[51] Arata P X, Genoud V, Lauricella A M, et al. Alterations of fibrin networks mediated by sulfated polysaccharides from green seaweeds [J]. Thrombosis Research, 2017, 159 (11): 1-4.

[52] Li N, Liu X, He X, et al. Structure and anticoagulant property of a sulfated pol-

ysaccharide isolated from the green seaweed *Monostroma angicava* [J]. Carbohydrate Polymers, 2017, 159 (3): 195-206.

[53] Tang L, Chen Y, Jiang Z, et al. Purification, partial characterization and bioactivity of sulfated polysaccharides from *Grateloupia livida* [J]. International Journal of Biological Macromolecules, 2017, 94A (1): 642-652.

[54] Cai W, Xu H, Xie L, et al. Purification, characterization and in vitro anticoagulant activity of polysaccharides from *Gentiana scabra* Bunge roots [J]. Carbohydrate Polymers, 2016, 140 (4): 308-313.

[55] 陈建济, 胡恩. 灵芝多糖的药效学研究: I 抗恶性肿瘤, 抗血栓和抗凝血作用 [J]. 海峡药学, 2000, 12 (1): 51-55.

[56] Elkhateeb W A, Daba G M, Elnahas M O, et al. Anticoagulant capacities of some medicinal mushrooms [J]. Journal of Pharmaceutical Sciences, 2019, 5 (3): 12-16.

[57] 申建和, 殷关英, 陈琼华. 猴头多糖和蛋白多糖对实验性血栓的抑制作用 [J]. 生化药物杂志, 1991, 57 (3): 33-36.

[58] 申建和, 陈琼华. 黑木耳多糖、银耳多糖、银耳孢子多糖的抗凝血作用 [J]. 中国药科大学学报, 1987 (2): 137-140.

[59] 张俐娜, 陈和生. 黑木耳酸性杂多糖构效关系的研究 [J]. 高等学校化学学报, 1994 (8): 1231-1234.

[60] Yoon S J, Yu M A, Pyun Y R, et al. The nontoxic mushroom *Auricularia auricula* contains a polysaccharide with anticoagulant activity mediated by antithrombin [J]. Thrombosis Research, 2003, 112 (3): 151-158.

[61] 崔莹莹. 大蒜多糖的体外抗凝血作用和结构分析 [D]. 合肥: 安徽农业大学生物物理学专业硕士学位论文, 2009: 16-22.

[62] Cawood M E, van Rensburg W J. Anticoagulant activity of rooibos tea extracts [J]. South African Journal of Botany, 2016, 103 (3): 310.

[63] You Seon Sa, Soo-Jin Kim, Hye-Seon Choi. The anticoagulant fraction from the leaves of *Diospyros Kaki* L has an antithrombotic activity [J]. Archives of Pharmacal Research, 2005, 28 (6): 667-674.

[64] 廖兴林, 杨定乾. 桑叶药理活性及功能成分的研究进展 [J]. 内蒙古中医药, 2008, 27 (4): 47-49.

[65] 邱丽颖, 王书华, 吕莉, 等. 麻黄果多糖的抗凝血机制研究 [J]. 张家口医学院学报, 1999, 16 (1): 3-4.

[66] Harenberg J, Heene D L, Stehle G, et al. New trends in Haemostasis [M]. Springer-Verlag, 1990: 166-167.

[67] 齐文静. 高活性低分子量肝素的制备及活性研究 [D]. 武汉：武汉理工大学药学专业硕士学位论文，2010：4.

[68] 黄寿吾，李惜光. 肝素抗凝血和抗血栓作用机理研究的某些进展 [J]. 国外医学（输血及血液学分册），1996，19（2）：99-101.

[69] Lane D A, Denton J, Flynn A M, et al. Anticoagulant activities of heparin oligosaccharides and their neutralisation by platelet factor 4 [J]. Biochemistry, 1984, 218: 725-732.

[70] 邓明扬，张广森. 肝素辅因子 II 的研究进展 [J]. 国外医学（输血及血液学分册），2002，26（2）：128-131.

[71] Yoon S J, Pereira M S, Pavão M S G, et al. The medicinal plant *Porana volubilis* contains polysaccharides with anticoagulant activity mediated by heparin cofactor II [J]. Thrombosis Research, 2002, 106 (1): 0-58.

[72] Shi L. Bioactivities, isolation and purification methods of polysaccharides from natural products: A review [J]. International Journal of Biological Macromolecules, 2016, 92: 37-48.

[73] Li H, Yin M, Zhang Y. Advances in research on immunoregulation of macrophages by plant polysaccharides [J]. Frontiers in Immunology, 2019, 10: 145.

[74] 尹艳，高文宏，于淑娟. 多糖提取技术的研究进展 [J]. 食品工业科技，2007，70（2）：248-250.

[75] Cao S, He X, Qin L, et al. Anticoagulant and antithrombotic properties in vitro and in vivo of a novel sulfated polysaccharide from marine green alga *Monostroma nitidum* [J]. Marine Drugs, 2019, 17 (4): 247.

[76] Adrien A, Bonnet A, Dufour D, et al. Anticoagulant activity of sulfated ulvan isolated from the green macroalga *Ulva rigida* [J]. Marine Drugs, 2019, 17 (5): 291.

[77] 曹素健，杨亚靖，秦岭，等. 海藻多糖 UH3 的结构特征、抗凝和溶栓活性研究 [J]. 中国海洋药物，2019，38（4）：26-31.

[78] Venkatesan M, Arumugam V, Pugalendi R, et al. Antioxidant, anticoagulant and mosquitocidal properties of water soluble polysaccharides (WSPs) from *Indian seaweeds* [J]. Process Biochemistry, 2019, 84: 196-204.

[79] Wandee Y, Uttapap D, Mischnick P. Yield and structural composition of pomelo peel pectins extracted under acidic and alkaline conditions [J]. Food Hydrocolloids, 2019, 87: 237-244.

[80] 曾红亮，张怡，薛雅茹，等. 响应面法优化金柑多糖碱提取工艺的研究 [J]. 热带作物学报，2015，36（01）：179-184.

[81] Karimzadeh K. Antihypertensive and anticoagulant properties of glycosaminoglycans extracted from the sturgeon (*Acipenser persicus*) cartilage [J]. Current Issues in Pharmacy and Medical Sciences, 2018, 31 (4): 163-169.

[82] Maccari F, Ferrarini F, Volpi N. Structural characterization of chondroitin sulfate from sturgeon bone [J]. Carbohydrate Research, 2010, 345 (11): 1575-1580.

[83] Krichen F, Karaoud W, Sayari N, et al. Sulfated polysaccharides from tunisian fish skins: antioxidant, DNA damage protective effect and antihypertensive activities [J]. Journal of Polymers and the Environment, 2016, 24 (2): 166-175.

[84] Nadar S S, Rao P, Rathod V K. Enzyme assisted extraction of biomolecules as an approach to novel extraction technology: a review [J]. Food Research International, 2018, 108: 309-330.

[85] Sun L, Wu D, Ning X, et al. α-Amylase-assisted extraction of polysaccharides from *Panax ginseng* [J]. International Journal of Biological Macromolecules, 2015, 75: 152-157.

[86] Zhao Y M, Song J H, Wang J, et al. Optimization of cellulase-assisted extraction process and antioxidant activities of polysaccharides from *Tricholoma mongolicum Imai* [J]. Journal of the Science of Food and Agriculture, 2016, 96 (13): 4484-4491.

[87] Chen Y, Yao F, Ming K, et al. Polysaccharides from traditional Chinese medicines: extraction, purification, modification, and biological activity [J]. Molecules, 2016, 21 (12): 1705.

[88] Sayari N, Balti R, Mansour M B, et al. Anticoagulant properties and cytotoxic effect against HCT116 human colon cell line of sulfated glycosaminoglycans isolated from the Norway lobster (*Nephrops norvegicus*) shell [J]. Biomedicine & Pharmacotherapy, 2016, 80: 322-330.

[89] Kariya Y, Watabe S, Hashimoto K, et al. Occurrence of chondroitin sulfate E in glycosaminoglycan isolated from the body wall of sea cucumber *Stichopus japonicus* [J]. Journal of Biological Chemistry, 1990, 265 (9): 5081-5085.

[90] Guan R, Peng Y, Zhou L, et al. Precise structure and anticoagulant activity of fucosylated glycosaminoglycan from *Apostichopus japonicus*: analysis of its depolymerized fragments [J]. Marine Drugs, 2019, 17 (4): 195.

[91] Lee J H, Kim H H, Ko J Y, et al. Rapid preparation of functional polysaccharides from *Pyropia yezoensis* by microwave-assistant rapid enzyme digest system [J]. Carbohydrate Polymers, 2016, 153: 512-517.

[92] Jia S, Li F, Liu Y, et al. Effects of extraction methods on the antioxidant activities of polysaccharides from *Agaricus blazei Murrill* [J]. International Journal of Biological Macromolecules, 2013, 62: 66-69.

[93] Mena-García A, Ruiz-Matute A I, Soria A C, et al. Green techniques for extraction of bioactive carbohydrates [J]. TrAC Trends in Analytical Chemistry, 2019, 119: 115612.

[94] Dai Y, van Spronsen J, Witkamp G J, et al. Ionic liquids and deep eutectic solvents in natural products research: mixtures of solids as extraction solvents [J]. Journal of Natural Products, 2013, 76 (11): 2162-2173.

[95] Wahlström R M, Suurnäkki A. Enzymatic hydrolysis of lignocellulosic polysaccharides in the presence of ionic liquids [J]. Green Chemistry, 2015, 17 (2): 694-714.

[96] Cikoš A M, Jokić S, Šubarić D, et al. Overview on the application of modern methods for the extraction of bioactive compounds from marine macroalgae [J]. Marine Drugs, 2018, 16 (10): 348.

[97] Kadam S U, Tiwari B K, O'Donnell C P. Application of novel extraction technologies for bioactives from marine algae [J]. Journal of Agricultural and Food Chemistry, 2013, 61 (20): 4667-4675.

[98] Wang J, Zhang M, Fang Z. Recent development in efficient processing technology for edible algae: A review [J]. Trends in Food Science & Technology, 2019, 88: 251-259.

[99] Kia A G, Ganjloo A, Bimakr M. A short extraction time of polysaccharides from fenugreek (*Trigonella foencem graecum*) seed using continuous ultrasound acoustic cavitation: Process optimization, characterization and biological activities [J]. Food and Bioprocess Technology, 2018, 11 (12): 2204-2216.

[100] Vilkhu K, Mawson R, Simons L, et al. Applications and opportunities for ultrasound assisted extraction in the food industry——A review [J]. Innovative Food Science & Emerging Technologies, 2008, 9 (2): 161-169.

[101] Pawlaczyk-Graja I, Balicki S, Wilk K A. Effect of various extraction methods on the structure of polyphenolic-polysaccharide conjugates from *Fragaria vesca* L leaf [J]. International Journal of Biological Macromolecules, 2019, 130: 664-674.

[102] Yip K M, Xu J, Tong W S, et al. Ultrasound-assisted extraction may not be a better alternative approach than conventional boiling for extracting polysaccharides from herbal medicines [J]. Molecules, 2016, 21 (11): 1569.

[103] Hahn T, Lang S, Ulber R, et al. Novel procedures for the extraction of fucoidan from brown algae [J]. Process Biochemistry, 2012, 47 (12): 1691-1698.

[104] Zhang H F, Yang X H, Wang Y. Microwave assisted extraction of secondary metabolites from plants: Current status and future directions [J]. Trends in Food Science & Technology, 2011, 22 (12): 672-688.

[105] Li C, Mao X, Xu B. Pulsed electric field extraction enhanced anti-coagulant effect of fungal polysaccharide from Jew's Ear (*Auricularia auricula*) [J]. Phytochemical Analysis, 2013, 24 (1): 36-40.

[106] Su D L, Li P J, Quek S Y, et al. Efficient extraction and characterization of pectin from orange peel by a combined surfactant and microwave assisted process [J]. Food Chemistry, 2019, 286: 1-7.

[107] Yuan Y, Xu X, Jing C, et al. Microwave assisted hydrothermal extraction of polysaccharides from *Ulva prolifera*: Functional properties and bioactivities [J]. Carbohydrate Polymers, 2018, 181: 902-910.

[108] Ruiz-Aceituno L, García-Sarrió M J, Alonso-Rodriguez B, et al. Extraction of bioactive carbohydrates from artichoke (*Cynara scolymus* L) external bracts using microwave assisted extraction and pressurized liquid extraction [J]. Food Chemistry, 2016, 196: 1156-1162.

[109] Carrero-Carralero C, Mansukhani D, Ruiz-Matute A I, et al. Extraction and characterization of low molecular weight bioactive carbohydrates from mung bean (*Vigna radiata*) [J]. Food Chemistry, 2018, 266: 146-154.

[110] Ferreira S S, Passos C P, Cardoso S M, et al. Microwave assisted dehydration of broccoli by-products and simultaneous extraction of bioactive compounds [J]. Food Chemistry, 2018, 246: 386-393.

[111] Mena-García A, Ruiz-Matute A I, Soria A C, et al. Green techniques for extraction of bioactive carbohydrates [J]. TrAC Trends in Analytical Chemistry, 2019, 119 (10): 115612.

[112] Montañés F, Fornari T, Martín-Álvarez P J, et al. Selective recovery of tagatose from mixtures with galactose by direct extraction with supercritical CO_2 and different cosolvents [J]. Journal of Agricultural and Food Chemistry, 2006, 54 (21): 8340-8345.

[113] Ameer K, Shahbaz H M, Kwon J H. Green extraction methods for polyphenols from plant matrices and their byproducts: A review [J]. Comprehensive Reviews in Food Science and Food Safety, 2017, 16 (2): 295-315.

[114] Yan L G, He L, Xi J. High intensity pulsed electric field as an innovative technique for extraction of bioactive compounds——A review [J]. Critical Reviews in Food Science and Nutrition, 2017, 57 (13): 2877-2888.

[115] 刘曦然, 方婷. 高压脉冲电场在提取天然产物中的应用 [J]. 食品工业, 2017 (1): 249-253.

[116] 黄家伟, 王非非, 邱玉婷, 等. 丙酮沉淀法提取杠板归多糖的工艺研究 [J]. 华夏医学, 2012, 25 (4): 20-22.

[117] 闫训友, 李娜娜, 史振霞, 等. 丙酮提取金顶侧耳发酵液多糖的优化设计 [J]. 菌物学报, 2008, 27 (3): 413-419.

[118] Tomoda M, Matsumoto K, Shimizu N, et al. An acidic polysaccharide with immunological activities from the root of *Paeonia lactiflora* [J]. Biological and Pharmaceutical Bulletin, 1994, 17 (9): 1161-1164.

[119] Fernández L E, Valiente O G, Mainardi V, et al. Isolation and characterization of an antitumor active agar-type polysaccharide of *Gracilaria dominguensis* [J]. Carbohydrate Research, 1989, 190 (1): 77-83.

[120] Zhang L N, Yang L Q, Ding Q, et al. Studies on molecular weights of polysaccharides of *Auricularia auricula-judae* [J]. Carbohydrate Research, 1995, 270 (1): 1-10.

[121] 郝靖. 出芽短梗霉 G16 酸性多糖的分离纯化、结构及性质研究 [D]. 无锡: 江南大学食品科学与工程专业硕士学位论文, 2017: 20-30.

[122] Qu H, Gao X, Zhao H T, et al. Structural characterization and in vitro hepatoprotective activity of polysaccharide from pine nut (*Pinus koraiensis Sieb et Zucc*) [J]. Carbohydrate Polymers, 2019, 223 (11): 115056.

[123] Song S, Wang L, Wang L, et al. Structural characterization and anticoagulant activity of two polysaccharides from *Patinopecten yessoensis viscera* [J]. International Journal of Biological Macromolecules, 2019, 136: 579-585.

[124] 刘春雷, 李丹, 彭彪. 超临界 CO_2 萃取脱脂技术在银耳多糖提取中的应用 [J]. 宁德师范学院学报 (自然科学版), 2015, 27 (3): 252-256.

[125] 张素霞. 超临界 CO_2 萃取脱酯技术在香菇多糖提取中的应用 [J]. 食用菌, 2009, 31 (3): 71-73.

[126] Shi Y Y, Liu T T, Han Y, et al. An efficient method for decoloration of polysaccharides from the sprouts of *Toona sinensis* (*A Juss*) Roem by anion exchange macroporous resins [J]. Food Chemistry, 2017, 217: 461-468.

[127] Hao G, Wu C, Yang J, et al. Decolorization of crude polysaccharide from *ginkgo biloba pollen* [J]. Food Science, 2009, 30 (14): 1371139.

[128]　戴卫东，钱礼华，汪守建. 活性炭吸附棉籽糖液中色素的工艺研究 [J]. 食品科技，2009，34（9）：213-216.

[129]　郝利平，白卫东，等. 食品添加剂 [M]. 3 版. 北京：中国农业出版社，2016：272-273.

[130]　Xie J H，Shen M Y，Nie S P，et al. Decolorization of polysaccharides solution from *Cyclocarya paliurus*（Batal）Iljinskaja using ultrasound/H_2O_2 process [J]. Carbohydrate Polymers，2011，84（1）：255-261.

[131]　Bai H N，Wang Z Y，Cui J，et al. Synergistic radiation protective effect of purified *Auricularia auricular-judae* polysaccharide（AAP IV）with grape seed procyanidins [J]. Molecules，2014，19（12）：20675-20694.

[132]　Y Shi，Z Yuan，T Xu，et al. An environmentally friendly deproteinization and decolorization method for polysaccharides of *Typhaangustifolia* based on a metal ion-chelating resin adsorption [J]. Industrial Crops and Products，2019，134：160-167.

[133]　Yang J，Tong Y，Zhu K，et al. Optimization of mechanochemical-assisted extraction and decoloration by resins of polysaccharides from petals of *Crocus sativus* L [J]. Journal of Food Processing and Preservation，2018，42（1）：e13369.

[134]　Yang R，Meng D，Song Y，et al. Simultaneous decoloration and deproteinization of crude polysaccharide from pumpkin residues by cross-linked polystyrene macroporous resin [J]. Journal of Agricultural and Food Chemistry，2012，60（34）：8450-8456.

[135]　方积年，丁侃. 天然药物——多糖的主要生物活性及分离纯化方法 [J]. 中国天然药物，2007，5（5）：338-347.

[136]　闫巧娟，韩鲁佳，江正强. 酶法脱除黄芪多糖中的蛋白质 [J]. 食品科技，2004，6：23-26.

[137]　Sevag M G，Lackman D B，Smolens J. The Isolation of the components of streptoeoeeal nueleoproteins in serologieally active form [J]. Journal of Biological Chemistry，1938，124：425-436.

[138]　王晓云，孙勇，赵燕，等. Sevag 法除蛋白文献的引用情况分析及建议 [J]. 中国科技期刊研究，2012，23（1）：156-157.

[139]　Tang Y J，Xiao Y R，Tang Z Z，et al. Extraction of polysaccharides from *Amaranthus hybridus* L by hot water and analysis of their antioxidant activity [J]. Peer J，2019，7：21.

[140]　Zha S，Zhao Q，Chen J，et al. Extraction，purification and antioxidant activities

of the polysaccharides from maca（*Lepidium meyenii*） [J]. Carbohydrate polymers，2014，99（1）：584-587.

[141] 刘成梅，万茵，涂宗财，等. 百合多糖脱蛋白方法的研究 [J]. 食品科学，2002，23（1）：89-90.

[142] 马丽，覃小林，刘雄民，等. 不同的脱蛋白方法用于螺旋藻多糖提取工艺的研究 [J]. 食品科学，2004，25（06）：100-103.

[143] Zeng X，Li P，Chen X，et al. Effects of deproteinization methods on primary structure and antioxidant activity of *Ganoderma lucidum* polysaccharides [J]. International Journal of Biological Macromolecules，2019，126：867-876.

[144] N Li，X Shen，Y Liu，et al. Isolation，characterization，and radiation protection of *Sipunculus nudus* L polysaccharide [J]. International Journal of Biological Macromolecules，2016，83：288-296.

[145] 马琳. 碱提枣多糖抗凝血作用途径的初步探讨 [D]. 郑州：河南农业大学食品科学专业硕士学位论文，2014：24.

[146] 杨景明，姜华，王紫玮，等. 防风多糖的提取分离与含量测定方法研究 [J]. 吉林中医药，2016，36（5）：513-516.

[147] Zhang L，Zhang Q，Zheng Y，et al. Study of Schiff base formation between dialdehyde cellulose and proteins，and its application for the deproteinization of crude polysaccharide extracts [J]. Industrial Crops and Products，2018，112：532-540.

[148] Q P Xiong，S Huang，J H Chen，et al. A novel green method for deproteinization of polysaccharide from *Cipangopaludina chinensis* by freeze-thaw treatment [J]. Journal of Cleaner Production，2017，142：3409-3418.

[149] X Luo，J Zeng，S Liu，et al. An effective and recyclable adsorbent for the removal of heavy metal ions from aqueous system：Magnetic chitosan/cellulose microspheres [J]. Bioresource Technology，2015，194：403-406.

[150] Y Chen，M Xie，W Li，et al. An effective method for deproteinization of bioactive polysaccharides extracted from Lingzhi（*Ganoderma atrum*） [J]. Food Science and Biotechnology，2012，21（1）：191-198.

[151] Shimoni M，Reuveni R，Cais M. Non-dialysis method of rapid and facile sample preparation for the desalting and purification of enzymes and other proteins from plant extracts [J]. Journal of Chromatography A，1993，646（1）：99-105.

[152] J Chen，X Zhang，D Huo，et al. Preliminary characterization，antioxidant and α-glucosidase inhibitory activities of polysaccharides from *Mallotus furetianus* [J]. Carbohydrate Polymers，2019，215（7）：307-315.

[153] 方积年. 多糖的分离纯化及其纯度鉴别与分子量测定 [J]. 中国药学杂志，1984，19（10）：46-49.

[154] Masuko T，Minami A，Iwasaki N，et al. Carbohydrate analysis by a phenol-sulfuric acid method in microplate format [J]. Analytical Biochemistry，2005，339（1）：69-72.

[155] Shimizu N，Tomoda M，Kanari M，et al. An acidic polysaccharide having activity on the reticuloendothelial system from the root of *Astragalus mongholicus* [J]. Chemical and Pharmaceutical Bulletin，1991，39（11）：2969-2972.

[156] Lee J H，Shim J S，Lee J S，et al. Pectin-like acidic polysaccharide from Panax ginseng with selective antiadhesive activity against pathogenic bacteria [J]. Carbohydrate Research，2006，341（9）：1154-1163.

[157] 聂少平，黄丹菲，殷军艺，等. 食物中多糖组分的结构表征与活性功能研究进展 [J]. 中国食品学报，2011，11（9）：52-63.

[158] 张惟杰. 糖复合物生化研究技术 [M]. 2 版. 杭州：浙江大学出版社，2006：128-143.

[159] 赵峡，苗辉. 用 GPS 法测定硫酸多糖 911 的分子量和分子量分布 [J]. 青岛海洋大学学报（自然科学版），2000，30（4）：623-626.

[160] Wang J，Lu H D，Muhammad U，et al. Ultrasound-assisted extraction of polysaccharides from *Artemisia Selengensis Turcz* and its antioxidant and anticancer activities [J]. Journal of Food Science and Technology，2016，53（2）：1025-1034.

[161] Zhang Y，Zhou T，Wang H，et al. Structural characterization and in vitro antitumor activity of an acidic polysaccharide from *Angelica sinensis*（Oliv）Diels [J]. Carbohydrate Polymers，2016，147：401-408.

[162] Chen X，Song L，Wang H，et al. Partial characterization，the immune modulation and anticancer activities of sulfated polysaccharides from *Filamentous Microalgae Tribonema* sp [J]. Molecules，2019，24（2）：322.

[163] 刘丽丽. 酸性多糖甲基化分析方法的改进 [D]. 青岛：中国海洋大学制药工程专业硕士学位论文，2014：14.

[164] 华中师范大学，华东师范大学，陕西师范大学，等. 分析化学（下）[M]. 4 版. 北京：高等教育出版社，2012：166.

[165] Merkx D，Westphal Y，Velzen E J J，et al. Quantification of food polysaccharide mixtures by H-1 NMR [J]. Carbohydrate Polymers，2018，179：379-385.

[166] Chen Z，Zhao Y，Zhang M，et al. Structural characterization and antioxidant activity of a new polysaccharide from *Bletilla striata fibrous* roots [J]. Carbo-

hydrate Polymers，2020，227：115362.

[167] Golovchenko V V，Khramova D S，Shinen N，et al. Structure characterization of the mannofucogalactan isolated from fruit bodies of Quinine conk *Fomitopsis officinalis* [J]. Carbohydrate Polymers，2018，199：161-169.

[168] 秦利鸿，曹建波，易伟松. 绿茶多糖的扫描电镜制样新方法及原子力显微镜观察 [J]. 电子显微学报，2009，28（2）：162-167.

[169] Li S，Xu S Q，Zhang L N. Advances in conformations and charaacterizations of fungi polysaccharides [J]. Acta Polymerica Sinica，2010（12）：1359-1375.

[170] Kadnikova I A，Costa R，Kalenik T K，et al. Chemical composition and nutritional value of the mushroom *Auricularia auricula-judae* [J]. Journal of Food and Nutrition Research，2015，3（8）：478-482.

[171] Elkhateeb W A，El-Hagrassi A M，Fayad W，et al. Cytotoxicity and hypoglycemic effect of the Japanese jelly mushroom *Auricularia auricula-judae* [J]. Chemistry Research Journal，2018，3：123-133.

[172] Chen G，Luo Y C，Ji B P，et al. Effect of polysaccharide from *Auricularia auricula* on blood lipid metabolism and lipoprotein lipase activity of ICR mice fed a cholesterol-enriched diet [J]. Journal of Food Science，2008，73（6）：H103-H108.

[173] Wu J，Li P，Tao D，et al. Effect of solution plasma process with hydrogen peroxide on the degradation and antioxidant activity of polysaccharide from *Auricularia auricula* [J]. International Journal of Biological Macromolecules，2018，117：1299-1304.

[174] Wu Q，Tan Z，Liu H，et al. Chemical characterization of *Auricularia auricula* polysaccharides and its pharmacological effect on heart antioxidant enzyme activities and left ventricular function in aged mice [J]. International Journal of Biological Macromolecules，2010，46（3）：284-288.

[175] Chen G，Luo Y C，Ji B P，et al. Hypocholesterolemic effects of *Auricularia auricula* ethanol extract in ICR mice fed a cholesterol-enriched diet [J]. Journal of Food Science and Technology，2011，48（6）：692-698.

[176] Sone Y，Kakuta M，Misaki A. Isolation and characterization of polysaccharides of "Kikurage" fruit body of *Auricularia auricula-judae* [J]. Agricultural and Biological Chemistry，1978，42（2）：417-425.

[177] Bandara A R，Rapior S，Mortimer P E，et al. A review of the polysaccharide，protein and selected nutrient content of *Auricularia*，and their potential pharmacological value [J]. Mycosphere，2019，10（1）：579-607.

[178] Reza M A，Hossain M A，Lee S J，et al. Dichlormethane extract of the jelly ear mushroom *Auricularia auricula-judae*（higher Basidiomycetes）inhibits tumor cell growth in vitro [J]. International Journal of Medicinal Mushrooms，2014，16（1）：34-37.

[179] Damte D，Reza M A，Lee S J，et al. Anti-inflammatory activity of dichloromethane extract of *Auricularia auricula-judae* in RAW264. 7 cells [J]. Toxicological Research，2011，27（1）：11-14.

[180] Gbolagade J S，Fasidi I O. Antimicrobial activities of some selected *Nigerian* mushrooms [J]. African Journal of Biomedical Research，2005，8（2）：83-87.

[181] Chen Z，Wang J，Fan Z，et al. Effects of polysaccharide from the fruiting bodies of *Auricularia auricular* on glucose metabolism in ^{60}Co-γ-radiated mice [J]. International Journal of Biological Macromolecules，2019，135：887-897.

[182] 何美佳，刘晓，唐翠翠，等. 多糖脱蛋白方法的研究进展 [J]. 中国海洋药物，2019，38（3）：82-85.

[183] 赵淑杰，郑丽宁，路飘飘，等. Sevag 法脱鹿药多糖蛋白工艺条件优化 [J]. 中国兽药杂志，2017，51（4）：25-28.

[184] Bradford M M. A rapid and sensitive method for the quantitation of microgram quantities of protein utilizing the principle of protein-dye binding [J]. Analytical Biochemistry，1976，72（1-2）：248-254.

[185] Blumenkrantz N，Asboe-Hansen G. A new method for quantitative determination of uronic acids [J]. Analytical Biochmistry，1973，54（2）：484-489.

[186] 王雪. AAP I-a 黑木耳多糖的分离纯化及其抗衰老功能的研究 [D]. 哈尔滨：哈尔滨工业大学食品科学专业硕士学位论文，2009：17.

[187] 蔡亚平，赵蕊，朱丹. HPGPC 法对五种中药多糖的分子量分布测定和种类考察 [J]. 牡丹江医学院学报，2011，32（1）：32-34.

[188] 杨丽艳，黄琳娟，王仲孚，等. 山茱萸酸性多糖 FCP5-A 的分离纯化与结构表征 [J]. 高等学校化学学报，2008，29（5）：936-940.

[189] 邹攀. 红松松塔多糖 PKP-E 的分离纯化、结构表征及其生物活性研究 [D]. 哈尔滨：哈尔滨工业大学化学食品科学专业硕士学位论文，2013：15.

[190] Cao J，Lu Q，Zhang B，et al. Structural characterization and hepatoprotective activities of polysaccharides from the leaves of *Toona sinensis*（A Juss）Roem [J]. Carbohydrate Polymers，2019，212：89-101.

[191] Sahragard N，Jahanbin K. Structural elucidation of the main water-soluble polysaccharide from *Rubus anatolicus* roots [J]. Carbohydrate Polymers，2017，175：610-617.

[192] 朱彩平. 枸杞多糖的结构分析及生物活性评价 [D]. 武汉：华中农业大学食品科学专业博士学位论文，2006：33.

[193] 肖素军，吴培赛，贺娟，等. 猕猴桃根多糖对角叉菜胶致小鼠尾部血栓形成的影响 [J]. 广西医学，2018，40（12）：62-65.

[194] 刘彦霞，郭豫，赵江燕，等. 角叉菜胶致血栓动物模型制备及在功能食品评价中的应用 [J]. 食品工业，2012，33（8）：87-89.

[195] 刘刚. 白杨素抗血小板及抗血栓作用的研究 [D]. 武汉：华中科技大学药理学专业博士学位论文，2014：52.

[196] 罗晓舟. 基于 TMT 技术针刺太冲、太溪对 SHR 下丘脑蛋白表达差异研究 [D]. 广州：广州中医药大学药理学专业博士学位论文，2018：49.

[197] Bradley T D，Mitchell J R. The determination of the kinetics of polysaccharide thermal degradation using high temperature viscosity measurements [J]. Carbohydrate Polymers，1988，9（4）：257-267.

[198] Wang L，Cheng L，Liu F，et al. Optimization of ultrasound-assisted extraction and structural characterization of the polysaccharide from pumpkin（*Cucurbita moschata*）seeds [J]. Molecules，2018，23（5）：1207.

[199] 赵二劳，梁兴红，张海容. 南瓜多糖超声波提取条件的优化 [J]. 食品研究与开发，2007，27（6）：65-66，82.

[200] 李坚斌，李琳，李冰，等. 超声降解多糖研究进展 [J]. 食品工业科技，2006，27（9）：176-179.

[201] Wu D T，Liu W，Han Q H，et al. Extraction optimization，structural characterization，and antioxidant activities of polysaccharides from cassia seed（*Cassia obtusifolia*）[J]. Molecules，2019，24（15）：2817.

[202] 樊黎生. 黑木耳多糖 AAP-Ⅱa 级分的制备及其生物活性的研究 [D]. 武汉：华中农业大学食品科学专业博士学位论文，2006：33.

[203] 北京市食品研究所分析化验室. 黑木耳品质及营养成分 [J]. 食品科学，1982（03）：10-13.

[204] Picó，Yolanda. Ultrasound-assisted extraction for food and environmental samples [J]. TrAC Trends in Analytical Chemistry，2013，43：84-99.

[205] 吴俐，汤葆莎，赖谱富，等. 超声协同果胶酶提取黑木耳糖醛酸工艺优化 [J]. 福建农业学报，2019，34（6）：719-729.

[206] 张雅利，张文娟，何琼华. 胰蛋白酶-Sevag 法联用脱柿多糖蛋白 [J]. 食品工业科技，2005，26（5）：107-108，111.

[207] Bera B C，Foster A B，Stacey M. Observations on the properties of cetyltrimethylammonium salts of some acidic polysaccharides [J]. Journal of the

Chemical Society (Resumed)，1955：3788-3793.

[208] 杨曦明. 白树花多糖的结构及其抗凝血活性研究 [D]. 沈阳：东北师范大学生物化学与分子生物学专业博士学位论文，2011：73.

[209] 王博，孙润广，张静，等. 羧甲基茯苓多糖结构的红外光谱表征与原子力显微镜观测 [J]. 光谱学与光谱分析，2009，29（1）：88-92.

[210] Yang L，Zhao T，Wei H，et al. Carboxymethylation of polysaccharides from *Auricularia auricula* and their antioxidant activities in vitro [J]. International Journal of Biological Macromolecules，2011，49（5）：1124-1130.

[211] Xu S，Xu X，Zhang L. Branching structure and chain conformation of water-soluble glucan extracted from *Auricularia auricula-judae* [J]. Journal of Agricultural and Food Chemistry，2012，60（13）：3498-3506.

[212] 李国有，陈勇，王云起，等. 原子力显微镜在多糖分子结构研究中的应用 [J]. 现代仪器与医疗，2006，12（5）：14-17.

[213] 敖娇，鲍家科，夏玉吉，等. 不同提取方法对金钗石斛多糖形貌结构的影响 [J]. 中成药，2018，40（7）：1648-1652.

[214] 李斌，谢笔钧. 魔芋葡甘聚糖园二色性与食品营养学性能相关性初探 [J]. 食品科学，2004，25（2）：53-56.

[215] 阮征. 香菇多糖的分离、结构分析与抑制肿瘤生物活性的研究 [D]. 武汉：华中农业大学食品科学专业博士学位论文，2005：82.

[216] Xia Y G，Yu L S，Liang J，et al. Chromatography and mass spectrometry-based approaches for perception of polysaccharides in wild and cultured fruit bodies of *Auricularia auricular-judae* [J]. International Journal of Biological Macromolecules，2019，137：1232-1244.

[217] Ukai S，Morsaki S，Goto M，et al. Polysaccharides in fungi Ⅷ acidic heteroglycans from the fruit bodies of *Auricularia auricula-judae Quél* [J]. Chemical and Pharmaceutical Bulletin，1982，30（2）：635-643.

[218] Zhou R，Bao H，Kang Y H. Synergistic rheological behavior and morphology of yam starch and *Auricularia auricula-judae* polysaccharide-composite gels under processing conditions [J]. Food Science and Biotechnology，2017，26（4）：883-891.

[219] Zhu H，Sheng K，Yan E，et al. Extraction, purification and antibacterial activities of a polysaccharide from spent mushroom substrate [J]. International Journal of Biological Macromolecules，2012，50（3）：840-843.

[220] Tian L，Zhao Y，Guo C，et al. A comparative study on the antioxidant activities of an acidic polysaccharide and various solvent extracts derived from herbal

Houttuynia cordata [J]. Carbohydrate Polymers，2011，83（2）：537-544.

[221] Zeng W C，Zhang Z，Gao H，et al. Characterization of antioxidant polysac-charides from *Auricularia auricular* using microwave-assisted extraction [J]. Carbohydrate Polymers，2012，89（2）：694-700.

[222] 朱泉. 百合多糖分离纯化、结构鉴定及其生物活性研究 [D]. 南京：南京农业大学食品科学专业硕士学位论文，2012：44.

[223] 李波，崔震昆，赵永春. 玉米须多糖的制备方法及化学组成的研究 [J]. 农产品加工，2008，136（5）：34-36.

[224] 林玉满，余萍. 短裙竹荪菌丝体糖蛋白 DdGP-3P3 纯化及性质研究 [J]. 福建师大学报（自然科学版），2003，19（1）：91-94.

[225] 陈海霞. 高活性茶多糖的一级结构表征、空间构象及生物活性的研究 [D]. 武汉：华中农业大学农产品加工与贮藏工程专业博士学位论文，2002：39.

[226] 林华娟，田晓春，秦小明，等. 金花茶多糖单一成分的化学结构特征解析 [J]. 食品科学，2013，34（3）：141-146.

[227] Bobbitt J M. Periodate oxidation of carbohydrates [J]. Advances in Carbohy-drate Chemistry，1956，48（11）：1-2.

[228] 房芳. 礁膜（*Monostroma nitidum*）多糖的提取分离、结构和抗凝血活性研究 [D]. 青岛：中国海洋大学药物化学专业硕士学位论文，2008：47.

[229] 王世伟. 毛轴蕨多糖的提取、分离纯化与结构研究 [D]. 杭州：浙江工商大学硕士学位论文，2015：42.

[230] Wang H X，Zhao J，Li D M，et al. Structural investigation of a uronic acid-con-taining polysaccharide from abalone by graded acid hydrolysis followed by PMP-HPLC-MSn and NMR analysis [J]. Carbohydrate Research，2015，402（1）：95-101.

[231] Xu X，Ruan D，Jin Y，et al. Chemical structure of aeromonas gum-extracellular polysaccharide from *Aeromonas nichidenii* 5797 [J]. Carbohydrate Research，2004，339（9）：1631-1636.

[232] Ren J，Hou C，Shi C，et al. A polysaccharide isolated and purified from *Platycladus orientalis* （L）Franco leaves，characterization，bioactivity and its regulation on macrophage polarization [J]. Carbohydrate Polymers，2019，213：276-285.

[233] 王巧. HE 染色方法在临床病理诊断中的应用 [J]. 临床合理用药杂志，2014（32）：118-119.

[234] 解鸿翔. TLR4 在抗磷脂综合征模型小鼠血栓形成中的作用探讨 [D]. 镇江：江苏大学临床检验诊断学专业博士学位论文，2015：61-63.

[235] Tremoli E. Tissue factor in arterial and venous thrombosis：From pathophysiology to clinical implications [J]. Semin Thromb Hemost，2015，41 (7)：680-687.

[236] 宋伟. 丹参新酮抗血小板作用及对血栓形成的影响 [D]. 武汉：华中科技大学药理学专业博士学位论文，2018：52.

[237] Wang Y, Gao H, Shi C，et al. Leukocyte integrin Mac-1 regulates thrombosis via interaction with platelet GPIbalpha [J]. Nature Communications，2017，8：15559.

[238] 张英杰，王会君，侯荣伟，等. 凝血四项的临床应用 [J]. 检验医学与临床，2013，10 (4)：450-452.

[239] 李飞鸥. 口服阿司匹林对中国人凝血机制影响的研究 [D]. 北京：北京协和医学院心内科专业硕士学位论文，2002：10.

[240] 陈柏楠，秦红松，刘政. 深静脉血栓形成不同中医证型 ET、NO 的变化特点 [J]. 山东中医药大学学报，2004，028 (2)：117-118.

[241] 宋苗苗. 榴莲皮多糖结构表征及抗凝血活性研究 [D]. 开封：河南大学中药学专业硕士学位论文，2019：51-53.

[242] 石雕，吴萍，黄莺，等. 全蝎纯化液对大鼠静脉血栓形成 TXB2、6-keto-PGF1α 的影响 [J]. 中西医结合心脑血管病杂志，2012，10 (6)：705-706.

[243] Xie P，Zhang Y，Wang X，et al. Antithrombotic effect and mechanism of *Rubus* spp. Blackberry [J]. Food Funct，2017，8：2000-2011.

[244] 刘海韵. 马尾藻岩藻聚糖硫酸酯对血栓及 HUVEC 和 HMVEC 的作用研究 [D]. 湛江：广东海洋大学食品科学专业硕士学位论文，2019：5.

[245] 赵妍妍. 浒苔多糖的抗凝血作用及其机制的探讨 [D]. 厦门：福建医科大学营养与食品卫生学专业硕士学位论文，2018：24.

[246] Furie B，Furie B C. Thrombus formation in vivo [J]. The Journal of Clinical Investigation，2005，115 (12)：3355-3362.

[247] Kahn M L，Zheng Y W，Huang W，et al. A dual thrombin receptor system for platelet activation [J]. Nature，1998，394 (6694)：690-694.